健康皮肤的秘密

来自皮肤科专家的科学护肤指南

[韩] 郑振镐 编著

金哲虎 金承龙 译

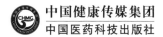

中国健康传媒集团
中国医药科技出版社

内容提要

　　本书详细介绍了维持皮肤健康的科学方法，通过真实案例纠正皮肤护理的错误习惯与观念、分析解答护肤难题，讲解皮肤老化的真正原因，告诉您实用的科学护肤方法，教您学会认识和解决自身皮肤问题，是一本来自皮肤科专家的科学护肤指南。本书将协助您更好地了解健康皮肤的秘密，从而更好地了解我们自己。

图书在版编目（CIP）数据

　　健康皮肤的秘密 / （韩）郑振镐编著；金哲虎，金承龙译. —— 北京：中国医药科技出版社，2020.1

　　ISBN 978-7-5214-1365-6

　　Ⅰ.①健…　Ⅱ.①郑…②金…③金…　Ⅲ.①皮肤–护理–基本知识　Ⅳ.①TS974.11

　　中国版本图书馆CIP数据核字(2019)第206093号

　　著作权合同登记号：图字01-2019-6713

美术编辑　陈君杞
版式设计　大隐设计

出版	中国健康传媒集团｜中国医药科技出版社
地址	北京市海淀区文慧园北路甲 22 号
邮编	100082
电话	发行：010-62227427　邮购：010-62236938
网址	www.cmstp.com
规格	710×1000mm $^1/_{16}$
印张	10
字数	123 千字
版次	2020 年 1 月第 1 版
印次	2020 年 1 月第 1 次印刷
印刷	三河市万龙印装有限公司
经销	全国各地新华书店
书号	ISBN 978-7-5214-1365-6
定价	58.00 元

获取新书信息、投稿、
为图书纠错，请扫码
联系我们。

译者序

自古以来,我们的祖先就开始注重美、欣赏美、追求美,把美作为一种能力,一种资本。而这种美,绝大多数来自于皮肤的保养,皮肤自然而然成为决定容貌的关键。随着科技的发展和进步,现代人开始全方位地追求美,各种美容机构应运而生,如雨后春笋般开始呈现在人们的视野里。

如何维持皮肤的年轻美丽呢?为了满足爱美男女的美好愿望,郑振镐教授给我们带来了一份厚礼——《健康皮肤的秘密》。郑教授是韩国首尔大学医科大学的皮肤科专家,多年来一直研究皮肤老化等困扰人们的皮肤难题。凭借美容界权威的身份和多年的临床经验和基础研究,郑教授在书中通过简单的故事,生动而直观地呈现给读者通俗易懂的美容知识,让读者信服。

本书详细介绍了具有科学依据的维持年轻皮肤的方法。前部分讲述年轻皮肤对于人生的巨大作用,接着通过真实案例分析解答护肤难题,讲解皮肤老化的原因,最后告诉人们最佳的科学护肤方法,教读者学会认识和解决自身皮肤问题,从而在现代社会中让自己显得更年轻,更具活力。

本书译者都是在国内从事皮肤科临床工作的一线医务人员,所以更注重读者的理解能力和实用性。在翻译过程中,翻译小组先读者之忧而忧,不放过任何一处疑点,常常为了搞清楚一个数据而去查阅资料,找专家讨论等,在此,向各位译者表示深深的谢意。当然,由于工作繁忙,部分内容的翻译可能有不足之处,有些内容也会随科研水平的提高而被取舍,望广大同行和读者朋友更正,以便补充完善。

金哲虎　金承龙
延边大学附属医院
皮肤性病科
2019 年 3 月

健康皮肤的秘密

前言

有些人看起来比实际年龄年轻，而有些人看起来则比实际年龄更苍老。什么是决定一个人看起来年轻与否的重要因素呢？虽然说话的语气或动作会有一定的影响，但是最重要的因素应该就是外观上皮肤的状态。

我记得小时候对姥姥的印象是很可怕的，因为相比于周围其他的老人，她脸上的皱纹更深，肤色也很暗淡。不仅是脸上，姥姥的双手也有很多的皱纹。当然，随着年龄的增长，我知道姥姥对我这个外孙特别呵护，我也因为感受到姥姥深深的爱而变得特别喜欢她。但是在幼小的我看来，老化的皮肤会给人一种可怕的印象。

韩国现已进入老龄化社会，65 岁以上的人超过了总人口的 14%，50 岁以上的人超过了总人口的 30%。也就是说，每 7 人中就有 1 人超过 65 岁，每 3 个人中就有 1 人超过了 50 岁。预测在 20 年后，韩国每 2 人中就会有 1 人超过 50 岁，4 人中有 1 人超过 65 岁。目前，我们的父辈在 60 岁左右时退休，之后以休闲的方式度过余下的人生。他们以这是补偿之前的辛苦为由退出生活前沿期待着晚辈的赡养，从另一方面来看，他们毫无意义地消耗了余下的人生。然而随着老年人口增多，在不久的将来，退休后最好重新找到对社会有用的新角色，在经济上也要对自己的人生负责，因为逐渐减少的年轻人无法赡养急剧增加的全部老年人。

我们提倡将来人们退休后也要积极地参与社会活动，在日本，有许多老人积极地融入社会，继续工作，彰显自身价值。即使年龄变老，但仍保持年轻态，充满勃勃生机与魅力，那么，工作、生活会更加自信、充满活力。

在现实社会中，拥有着比实际年龄更年轻的皮肤的人有着诸多优势。即使是同龄人，但看起来显得更加年轻的人，在职场或是社交方面会得到更有利的机会。

当看到镜中格外苍老的容颜时，人们会有怎样的想法呢？首先会失去自信心，如果晚上有同学聚会，甚至想找许多借口取消赴约。失去出席类似聚会的自信心，结果社会适应能力也会随之下降。

一个人看起来年轻或是苍老的程度可以通过皮肤老化的状态来衡量。可以简单地理解为，减缓皮肤衰老也会活得比较年轻。谁都无法避免自然老化，从出生开始，我们就在慢慢变老。但是其他原因导致的非自然的老化，通过努力是可以避免的。虽然老人的定义大体上是指 65 岁以上的人，但如同有人说岁数只不过是表达过去岁月的一个数字一样，比起生理年龄，一个人外貌年轻与否很大程度上取决于他（她）的生理功能的老化程度。也就是说，即使是同龄的老人，看起来更苍老的人，其身体各个功能的退化程度也相应严重些。

因此，寻求预防皮肤老化、治疗老化皮肤的方法在老龄化社会中显得比较重要。

我想借这本书告诉大家能让皮肤保持比实际年龄年轻的状态的具有充分科学依据的方法。本书的第一部分，主要说明年轻的皮肤是在高龄化社会中可以发挥出巨大能力的自信心及维持身体功能的源泉；第二部分，通过剖析关于皮肤护理的错误习惯与观念，了解维持年轻而健康皮肤的方法；第三部分，帮助读者详细了解皮肤老化的原因；第四部分，详细告诉大家为了维持皮肤的年轻状态，在日常生活中该怎样做。

从现在起，我期待阅读本书的读者们发自内心地感慨："啊，原来是这样的呀！"了解皮肤老化的真正原因，懂得怎样做才真正有利于皮肤。

编者
2015 年 11 月

推荐书

被西方尊为"医学之父"的古希腊著名医生希波克拉底曾说："人生苦短，艺术恒久。"有人说这里的"艺术"应是"医术"，根据上下文内容，应释为"人生苦短，医术恒久"。令人惊奇的是，两千多年后的今天，发达的科学技术和基础医学技术开启了人生"百岁时代"。然而与延长人类寿命的医学技术所取得的巨大成就相比，皮肤科学的发展却远远滞后。可见永葆年轻美丽的肌肤是多么的不易。

可是，我们怎能以毫无生机的衰老面容度过半世纪之久的后半生呢？为了进入"百岁时代"的自己收获真诚的祝福，我们需要塑造一个全新的自我。要努力安排充实的生活，更要锻造健康的体魄。在此基础上若能永葆青春美丽的肌肤，我们的人生岂不是更加快乐，更加充满生机！

如何永葆青春美肌？答案就在《健康皮肤的秘密》这本书里。这是首尔大学医科大学皮肤科教授、多年来一直致力于研究皮肤老化问题的郑振镐先生送给我们的厚礼。关于皮肤老化的原因、皮肤老化的预防及治疗等方面的问题，郑教授在本书中进行了深入浅出的详细阐述。

阅读《健康皮肤的秘密》会让人感觉这本书是借皮肤的故事诉说人生，促使读者思考通过认真保养皮肤努力提升生活品质的意义。当人们充满自信地融入社会生活中，思考自己为这个社会能做哪些有益的事情并付诸实践，那么，不仅是自己，邻里以及朋友也会变得更加幸福的。

真诚地希望本书能让更多的人学会保持皮肤美丽健康的方法，并通过实践拥有健康的皮肤，继而充满自信地走向更广阔的人生舞台，谱写充满活力的、有意义的人生新篇章。

郑云灿　首尔大学原校长、韩国原国务总理、同伴成长研究所理事长

如今，年轻与衰老可以通过皮肤显现出来，因此"如何维持年轻的皮肤"成为以"如何保持年轻状态"为主题的老龄化社会的棘手问题。韩国最著名的皮肤科专家郑振镐教授通过这本书让我们一目了然地了解皮肤与美丽的秘密。在皮肤就是能力的时代，如何让自己拥有健康的皮肤，充满自信，精力充沛，永葆青春的秘诀就在这本书里。

金南道　首尔大学生活科学院教授

有关皮肤老化问题的研究结果与临床经验都浓缩在这薄薄的一本书里。书里不仅有对于像搓澡这种错误习惯的纠正，还有对于睡眠、饮食等日常行为的建议，对那些想要保养皮肤却没有时间和不懂方法的职场人士特别有帮助。我也要把这本书特别推荐给希望帮助孩子养成良好的皮肤管理习惯的妈妈们。

金比娜丽　首尔大学生命科学部教授

"维持年轻美丽的皮肤"是全世界男女老少共同的愿望。为了给大家一个满意的答案，郑振镐教授至今仍在挥洒激情攻坚克难，因此我称他为"紫领"（不是为了工作而工作，为了创造美好的世界而钻研的专家，我称之为紫色

工作人员，即"紫领"）。

金英世　Inno Design 公司会长

老龄化时代，随着年龄的增长，人们感受最深的就是皮肤的老化。为了解决这个问题，郑振镐教授进行了长期研究，并以丰富的临床经验为基础，提出了具体的解决方案。作为前沿科学家及皮肤医学美容界的权威专家，郑教授以丰富的临床经验为依据，把皮肤老化科学的精髓融入书中，我们每个人都有必要仔细阅读。

朴相哲　首尔大学老化高龄社会研究所顾问、
三星综合技术院健康老龄化研究中心会长

有位朋友建议我们要按实际年龄乘以 0.7 所得的年龄状态生活。而我却提议不要乘以 0.7，直接减去 30 岁，也就是 50 岁即 20 岁，60 岁即 30 岁，70 岁即 40 岁，以此类推。然而我却不知如何以年轻 30 岁的状态生活。就在此时，郑振镐教授编著的《健康皮肤的秘密》出现在我的面前。我从这本书中悟出了活出年轻 30 岁的风采的方法，懂得了预防皮肤老化就会使自己重获青春，并且坚信长期预防皮肤老化就会获得年轻三十岁的皮肤状态。这本书给了我解脱年龄束缚的自由。

赵东圣　首尔大学经营学院名誉教授、中国长江商学院教授

健康皮肤的秘密

目录

01 青春，活在青春

02 我对皮肤的疑问

03 探究皮肤老化的原因

04 护肤秘籍，快来实践吧

01

. . .

青春，
活在青春

向往美丽的执着欲望

何为美丽？

可以说美丽是与实际效能无关的可供我们感观享受的事物。虽然也有美丽与用途完美融合的事物，但是美丽的事物就算其没有任何用途，也会让我们为之惊叹。

春暖花开时，漫山遍野呈现出盎然生机的壮丽景观是美丽的。虽然这勃勃生机在秋季枯叶凋零时表现出衰落的景象，却也不失壮美。岂止如此？每当朝阳升起和夕阳西下时，天地之间总是回响着太阳与宇宙谱写的最美和声。流淌的江河，苍翠的树木，飞翔的小鸟，奔跑的动物，都以大自然的名义唤醒我们内心对美的感知。大自然孕育的所有事物，都以其特有的比例、质感与色彩吸引着我们。

*****
大自然的一部分——身体

这众多美丽的事物中，包含着人类的身体。可以想象一下没有遭受过疾病与伤痛、自然成长的年轻人，他们的身体从头到脚各个部位都如此完美——干净而有弹性的肌肤、浓密而有光泽的头发、清澈而明亮的眼睛、红润的脸颊与嘴唇，它们巧妙地融为一体，散发出特有的美感。

永远保持美丽的身体应是每一个人的愿望。如果某一天，突然意识到脸上出现了一条条皱纹，会因害怕美丽的容颜从此离自己远去而焦躁不安。

像这样，我们可以通过皮肤感知身体发生的变化。失去光泽变得松弛的面容、眼角与嘴角的皱纹、额头与脸颊上的色斑，这些已与身体处于青春状态时所散发出的美丽气息相距甚远。如果能够重返青春，能够重拾美丽，该有多好！如果能回到没有皱纹、没有色斑、没有松弛的皮肤状态，相信我会依旧青春、健康，自信满满地面对一切。

*****   # 白皙，更加白皙

人类历来是欣赏美、追求美的，远古时期，我们的祖先就已开始注重美化自己的身体了。现如今，美化身体主要体现在皮肤保养方面。皮肤是身体的保护层，身体的丝毫变化都会从皮肤显现出来。皮肤是左右人们对一个人容貌印象好坏的关键，因此，人们为了保持美丽的皮肤状态以证明自己依旧年轻有魅力，真是费尽了心思。

查阅记录人类风俗的微观史可以了解人们是如何修饰皮肤的。当然，具体做法与表现根据时代与文化的差异会有所不同，由于各时代文化与生产力水平的不同，用于修饰皮肤的材料与工具有所差别。另外，各群体也会制定并宣扬自己特有的关于美的标准，而生活在这个群体中的个体则根据群体标准装扮美化自己。

至今远离现代文明生活的一些原始部落人独特的装扮就是鲜明的例子。生活在缅甸地区的克伦族，女人在颈部固定十几个甚至几十个金属圈以延长脖子的长度；生活在亚马孙河流域的佐埃人，在下嘴唇穿入一支木棍。生活在韩国的人们也许对这种做法感到奇怪，但是，这也恰好说明不同的群体各有对美的不同理解和因此形成的审美标准。

从流传至今的神话故事或传说中也可以发现人类对于美丽的认知，看一下韩国的建国神话——檀君神话。熊和老虎来找桓雄询问脱生成为人类的方法。桓雄告诉它们只吃艾草和大蒜并且100天不要见阳光就会成为人类。

桓雄为什么让想变成人的熊和老虎吃艾草与大蒜呢？这源于一个传说。古代社会的统治阶层为阿尔泰族，他们是白种人。当时，民间盛传"艾草与大蒜是美白皮肤的特效药"。人们深信用煮艾草的水沐浴可以使皮肤健康美白，大蒜也是可以使皮肤美白丝滑的食材。除了吃艾草和大蒜使皮肤变白，让它们在山洞里待上100天会怎样呢？虽然会很闷，但是，避开光照肯定是会防止皮肤被晒黑的。由此可见檀君神话中熊女诞生的背景里，是蕴含着"洁白干净的皮肤是人类本真的、美丽的面貌"这样的认识。

中国南北朝时期的史书《后汉书》中也可以看到古代人为了改善肤质开的处方。

以下是对生活在中国东北地区的挹娄人的叙述：

冬天涂抹猪油，涂得厚厚的，用以阻挡风寒。

在中国的东北大地，为了平安度过寒冷的冬季而穴居在深洞里的祖先们发现了猪油的作用。于是，涂抹猪油成了他们抵御寒风、保持皮肤润滑的有效方法。

在高句丽双楹冢古墓和山里古墓的壁画中可以看到女性白皙的面容和脸颊与嘴唇上画着的鲜红的胭脂，这也反映了当时人们对美的认知，白皙的面容以及红润的脸颊使人看起来年轻与健康。百济人涂脂抹粉展示美丽的说法都传到了日本，新罗人则以米粉为原料制作脂粉涂抹。放入紫茉莉籽和葛根等精心制成的脂粉是使皮肤白皙且供给所需营养的美容材料。

朝鲜时代有如下记载：把红豆或绿豆研磨成粉末状，加温水中充分搅拌，用所产生的泡沫洗脸；用煮米糠的水洗脸（把米糠装进袋子后放水里煮）；涂抹蜂蜜渣给面部补充营养；捣碎杏花敷脸来消除痘痘；等等。

1809年贵族女性冯虚阁李氏撰写的妇女家庭生活百科全书《闺合丛书》

中有这样一段话。

"冬天面部粗糙干裂时，把三个鸡蛋浸入酒中，密封保存 28 天后涂在脸上，不仅防止干裂，还会使肌肤变得像玉一样光泽细腻。面部及手干裂出血时，可在提炼的猪蹄油里拌入槐花涂抹即会治愈。"

翻阅古代文献就会发现我们的祖先已开始注重保养肌肤、追求美丽的痕迹，可以说这些是他们通过提亮肤色使自己的容貌更加美丽并防止老化的种种尝试。

然而，我们的祖先护理皮肤的方式比起西洋人的做法是如此的简单朴素。我们的祖先采用的护肤美容材料主要是植物和谷物，偶尔用动物性原料如蛋黄、猪油等，而西方的贵族们不仅将肌肤保养的范围由面部延伸到全身，用于护理皮肤的材料和设备也是五花八门、种类繁多。

古罗马以建有众多公共浴场而盛名。公元 300 年时，仅罗马市内正常营业的浴场就有 856 家。如果以韩国现在随处可见的公共浴池来想象古罗马公共浴场的规模、功能等，那就大错特错了。古罗马浴场坐落于宽阔的庭院中央，庭院的四周是为远道而来的客人准备的客房；仅是浴场主体建筑中就分别设有温水厅、冷水厅、热水厅三部分，各厅还附有小浴室，规模惊人。著名的卡拉卡拉浴场同时可供 1600 人入浴。

人们来浴场沐浴的顺序是这样的：先是坐在充满蒸汽的热水厅排汗，然后进入干蒸房，就会有奴隶给他们全身涂抹橄榄油后，用搓澡用的金属工具为他们按摩全身；按摩结束后到温水厅游泳，之后进入冷水厅，最后再为全身涂抹油脂，沐浴结束。虽然以现在的观点来看，长时间浸泡在热水中或是搓澡都是不好的习惯（原因在后面详细说明），但是罗马人却以这种方式享受着沐浴的乐趣。对于他们来说，浴场不仅是洗澡的地方，更是与人相见、娱乐与锻炼的社交场所。

如果说罗马人把装扮皮肤与社会的民风民俗结合在了一起，那么巴洛克和洛可可时代的贵族们则以更加个性化和张扬的方式来保养着肌肤。从他们为拥有润泽白皙的皮肤所下的功夫，便可对当时的产业水平可见一斑。

在放有白粉的玫瑰水中放入鸡蛋清，再放入干鱿鱼粉、樟脑粉、猪油，涂抹在脸上。想要皮肤变得白皙光滑，则可以拿用水银、灰、沙子制成药膏擦脸。

据说那时候的贵族们不分男女，每天早上都要花费一个小时给全身涂抹白粉。用于皮肤美白的白粉是把埃及豆磨成粉，再掺入一些蚕豆粉、大麦粉、杏仁粉后，倒入适量牛奶制成。下人们爬上梯子为裸身的主人扑粉。这种白粉还有遮盖天花、粉刺、痤疮等原因形成的难看疤痕的作用。

由此看出，不分时代，不分区域，人们为了追求美肤而付出了多方努力。虽然从现代皮肤科学的角度看来，这些方法可能毫无根据甚至会对身体有害，但当时的人们却坚信这些方法可以使自己获得美丽的皮肤。

通过东西方文献中的这些记载我们可以了解到，无论是我们的先祖们还是西方的贵族们，一直憧憬拥有白皙的皮肤。为什么人们认为白皙的皮肤就是美丽的呢？其原因是白色的皮肤更接近婴儿的肤色。没有经过岁月的洗礼，没有斑痕、没有皱纹的白皙的皮肤就是没有老化的皮肤。也就是说，无论是东方人还是西方人，努力美化皮肤的更深层次的意义在于满足心中涌动的永葆年轻的欲往。[1]

***** # 皮肤自然的美丽

燕山君是朝鲜君王中众所周知的人物，因他在短短十几年的统治期间引起两次震惊全国的戊午士祸和甲子士祸，大批屠杀年轻的知识分子等暴政历史常常被搬上荧屏。燕山君统治时期的历史记录中记载着一名采红使从招进来的美女中挑选献给燕山君的美女时说过的话。

怎能把涂抹脂粉的妆容称为真正有姿色呢？古人尚说"涂脂抹粉恐怕遮

---

[1]本节部分内容参考李智恩《贵族的隐秘新生活》，保安出版社，2012年。

挡美丽肤色，除去粉黛去见帝王"。以后挑选美女时命她们不许涂粉以辨真伪。

——韩国国史编纂委员会《朝鲜王朝实录》

简单地说就是"脸上涂了粉，无法看到真面目，所以不许化妆"。

朝鲜时代是以男性为中心的社会，即便此话出自对女性可以随意实施暴力的时代，我们也可以从中了解到两点：一是相对于外表华丽的人工美，人们更推崇本真的自然美；二是皮肤散发出来的本真的美丽是任何妆饰都无法媲美的！"本真皮肤的美很重要"这一观点，估计是没有人会反对的。虽然时尚的装扮也能给人以美的享受，但是皮肤本身的美丽会让人感受到最自然、最清爽的美。

在人类的历史中，无论是出于咒术还是唯美的目的，都有装扮身体的记录。脸上涂粉、眼部涂色、嘴唇和脸颊涂脂等化妆术逐渐与咒术所需的化妆方式分离，成为女性自我满足的隐秘行为。化妆是突出自然相貌的长处，遮蔽短处，使容颜看起来更加美丽的一种行为。

近现代，随着美容产业的迅速发展，化妆品制作技术也得到了飞速发展。如今，制作化妆品所使用的原材料品种多到无法想象，不仅有植物、动物、矿物质中的提取物，还有人工合成的化工原料，原料的采用范围之广和特殊功效令人震惊。从现代女性的梳妆台上不仅能看到具有各种功能的保湿霜、化妆水等，还有形态各异的粉底、眉笔、眼影、睫毛膏、腮红、遮瑕膏、口红等具有各种用途的化妆品。

然而，无论脸上怎样涂抹粉底，勾勒出多么深邃的眼轮，化出多么红润的嘴唇和脸颊，都不可能完全掩盖住本来的皮肤状态。只有在皮肤保持健康美丽的状态时，化妆品才能发挥出最佳效果。

近来，女性对面部皮肤关注的重点似乎不在于怎样用化妆技巧把面部装扮得漂亮，而是怎样通过改善皮肤状况使自己看起来显得更年轻。这与随着生活水平的提高、营养状况的改善、皮肤科学与医术的发达，人们的皮肤状态普遍好转有关。为此，我们是不是可以理解为人们对美的要求已变得更高一层，崇尚自然美呢？！

但是，这里所说的自然美实际上略含些讽刺意味，因为人们追求的所谓的"自然美"其实是与人体老化的自然现象相矛盾的。随着时间的流逝，年龄比去年增加了一岁，但人们却希望自己的模样回到三年前，也深信只要好好护理皮肤，这也并非不可能。

年轻，看起来很年轻！这就是现代人寄予皮肤的厚望。

健康皮肤的秘密

当我们重新
制定人生目标时

2000 年，韩国 65 岁以上人口比例超过总人口的 7%，进入了老龄化社会。预计到 2026 年，韩国 65 岁以上人口比例会超出 20%，进入超老龄化社会。

随着老龄化社会的到来，人们面临的最大的问题无非就是老人们的生活问题。随着寿命的延长，退休后的老年人平均要度过 30 年以上的余生。除了有足够经济储备的老人之外，其他老人都会面临如何生存的问题。为此，如何给退休老人提供再就业机会、如何保证老年人的社会福利等问题成为韩国社会最为棘手的问题。

*****   ## 延长的年轻时光

衰老这一现象并非无关自己的别人的事，因为我们都会衰老。不过，到底把哪个年龄段的人称为老年人呢？纵观东西方历史，通常是把 50 岁以上的人称为老年人，但我们也发现界定一个人是否为老年人并非只以生理年龄为标准，也参考一些其他标准。当一个人生活已无法自理，丧失了基本的生存能力时就会被定义为老年人。综上所述，衰老的概念与靠自己的能力无法生存并丧失了社会活动能力相关。

我们知道人的体能约 50 岁起会急剧下降，而随着体能的下降，其能力的发挥也会远不及年轻的时候，但是认知能力是可以肯定的。这表现在从精神层面上会向更高的目标进行挑战，且通过学习新的知识、调整具体实施方案，以实现目标并从中得到相应的报酬并体验成就感，进而获得完成下一个目标的自信心。如果 50 岁以上甚至 60 多岁的人仍能不断地取得这样的成就，想必人们不会只因年龄的关系说他们是老人的，因为他们充满着不亚于年轻人的活力，取得了不亚于年轻人的成就。

由此可知老化也属于心理问题。环视周边，我们会发现很多人根本不认为自己是老人。

其实，即便已是 70 岁甚至 80 岁高龄，不仅生活上毫不懈怠，还积极维护社会关系并通过护肤和塑身来保持年轻状的人随处可见。

所以，现在越来越多的人认为 50 岁之前都可以定义为年轻，人生的顶峰期是 55 岁开始到 65 岁。过了 65 岁，虽然体能逐渐衰退，但可以以丰富的人生经历作为洞察人生的资本，所以依然是人生的活跃期。这么看来，年老对于人的寿命已大大延长的现代人来说是一种需要用更长的时间去经历和感知的过程。老年人不应是精力衰竭、孤独无力的代名词，我们所期待的"年老"不是指身体能力、认知能力、社会适应能力退化的现象，而是指不断成熟、完善的过程。

虽然我们希望如此，但是人口老龄化时代带来的影响是巨大的。让我们所担心的是，对于没有积蓄并且不能很好地适应现代社会的许多高龄者们来说，会在贫穷和世人的冷漠中度过漫长的余生。为此，社会有必要采取相应的防范措施，而每一个体更有必要未雨绸缪，认真规划未来，积极寻求新的生活方式。

随着平均寿命的延长，为了与这变化的世界保持同步，最近联合国重新界定了年龄分段。根据世界卫生组织新确定的年龄分段，青年期是由原先的 18 ~ 30 岁延长到了 18 ~ 65 岁、相应的中年期是 66 ~ 79 岁，老年期是

80 ～ 99 岁，100 岁以上为长寿老人。

这个新的年龄分段法颠覆了一直以来对青年、壮年、中年、老年的划分法。从古到今，我们所熟悉的年龄分段法是 18 ～ 30 岁左右是青年，30 ～ 40 岁是壮年，40 ～ 50 岁是中年，之后是老年。"1865 青年时代"这一概念是世界卫生组织考虑到人们会受旧概念影响而不由自主地束缚自己的身心而提出的。由于现代人所摄取的营养充足、所处的卫生条件良好，同时还享有着飞速发展的医疗技术，所以活得更健康、更长寿。很多人虽然超过了 60 岁甚至 70 岁，但还保持着年轻时的认知能力和旺盛的精力活跃在社会各个领域。因此，我们不应该因年老而把自己囚禁在老人的世界里，应把 65 岁之前的自己视为青年，在老龄化社会中勇于挑战自我、战胜自我，享受充满激情、充满活力的老年生活。

这个新概念的提出，激励着现代老年人要活得年轻，活出精彩。人们一旦觉得自己老了，就会活力锐减，也不会产生重新开始做点什么的想法和勇气。如果 18 ～ 65 岁的人都属于青年人的提法约定俗成，会让人长时间保持通过重新学习并挑战而获得成功的欲望，并且可以在实施过程中灵活运用年轻时经历各种成败而沉淀下来的智慧。

"1865 青年时代"被看成是老龄化社会的人们必须拥有的积极态度。需要更长久地经营健康生活的现代人不应该被年龄所困，更没必要看别人的脸色，应该持有自己是年轻人的想法和自信。我们已到了树立人生阶段性目标的时候。

另一方面，"1865 青年时代"也给予我们警告。到 65 岁之前都是年轻人的概念也是一种鞭策，在督促我们努力锻炼使身心健康，与普通年轻人一样精力充沛，活力四射。

置身于通往老龄化社会的道路上，人们被赋予的责任是要努力充实未来的长久的人生，也就是说要开启并享受工作、社交、闲暇时光等都丰富多彩的生活。这是一个需要体力、活力、魅力俱备的时代。

*****　年轻 5 岁？年轻 10 岁？——维持魅力资本是关键

我们现代人正享受着发达的科学技术与现代文明所带来的成果。虽然身体的功能和美丽会随着岁月流逝渐渐消退，可人们想以健康又有魅力的身姿长久生存的期待和愿望却在与日俱增。那么，我们怎样才能让自己魅力不减，永远潇洒地享受人生呢？

因容貌的美丽与否是透过皮肤显现出来的缘故，人们对如何延缓皮肤老化这一问题的关注度也越来越高了。对 40～59 岁女性进行问卷调查的结果（郑文欣《关于中年女性对颜面皮肤老化问题的认识和改善欲望的研究》）发现，有一半以上的受访者即 61.5% 的女性因皮肤老化而苦恼。随着中年以后的人生延长，她们尤其担心会因闭经等急剧的生理变化，导致她们在失去女性原有魅力的情况下度过漫长的岁月。

拥有看上去比实际年龄显得年轻的外表，这是中年人最大的愿望。从目前盛行腹部减肥健身项目、面部皮肤提拉及除皱等整形手术，也可见中年人对这方面的欲望有多么的强烈。在与外貌相关联的问题上，女性所承受的心理压力尤其大。商业化运作的一些传播媒介认为只有年轻有魅力的肉体才具有价值，并以此标准进行包装、推销。在这样的社会风气下，中年女性自认为她们早已与年轻告别，魅力不再，从而丧失信心。

在上文提及的调查问卷中，有 42.5% 的参与者希望自己能显得比实际年龄年轻 5 岁，并表示愿意用一年的预期寿命或者不超过 300 万韩元的金额换取年轻 5 岁的外貌。先不说 300 万韩元的费用，宁愿少活一年也希望显得年轻 5 岁的回答实在是令人震惊。

人们究竟为什么这么希望变得年轻些呢？虽有一部分是为了满足自己的欲望，但是很大一部分是因为年轻外貌对我们开启人生新篇章起着巨大作用。当我们感到自己年老的时候是多么的失望啊？可涉足的能够有所成就的领域范围在逐渐缩小，能够做有意义的事的时间和可能性也在慢慢减少，所以才那么坚决地拒绝变老。可是，如果我们看上去显得年轻 5 岁，就会觉得赚取了 5 年宝贵的人生。若能这样，我们就不会有被这个时代抛弃的感觉，还能够重新树立自信心。由此而知，看起来年轻、健康、美丽的外表，对改善我们的生活质量起着巨大作用。

延缓皮肤衰老，让皮肤更加润泽、富有弹性，不能单纯地理解为是满足虚荣的欲望，这是与现代女性直面的社会现实密切相关的问题。

***** 　　　　　　　　　　　　　　　第三人生

从生理角度分析，人过了 25 岁，皮肤便开始老化。即使是年轻健康的皮肤，若不勤于呵护或有不良的生活习惯，也会加快皮肤的老化速度。

皮肤老化不是一朝一夕的事，是长期的微小变化累积而产生质变的结果。在日常生活中，我们的皮肤会不断地受到紫外线、热气、病菌、压力等各种刺激的影响。因此，为了减少长期频繁刺激的影响，需要给予皮肤细腻的呵护并保持安定的生活习惯。多年的临床实验结果表明，即使皮肤出现了一定程度的老化现象，只要认真保养护理，同样可以延缓皮肤老化并使皮肤状态得到很大改善。

20 世纪中叶以后，随着韩国经济水平的提高，人口平均预期寿命也随之延长，人们对健康的期待值也随之上升。于是，我们对自身外在美的要求和欲望也越来越强。皮肤是我们身体上具有多种生理功能的保护膜，同时也是我们与他人相见、交流时直接作用于感观的重要器官。所以，努力延缓皮肤老化对我们在现代社会中更好地工作、生活有着一定的积极意义。

各种调查资料显示，拥有比实际年龄显得年轻的皮肤的老年人，对生活的满足感也相对会高些。从上文所提及的调查问卷中我们也能发现，看上去比实际年龄年轻 5 岁，不仅能提高自我满足感，还有利于开启新的人生；不仅能够恢复对自己身体、精神的自尊心，还令人产生能够改善生活质量的期待。这些研究结果表明，皮肤的作用不仅是生理上的，还涉及其他领域。较为严重的皮肤老化现象对我们的生活有着极大的消极影响，甚至可能引发抑郁症。因此，为了防止或延缓皮肤老化而付出积极努力是非常必要的。

皮肤科学的现在及未来

现在许多人认为研究皮肤老化没有研究癌症、糖尿病、脑疾病有现实意义。在韩国，目前还有很多更严重的疾病需要探究，所以，也有人认为属于纯美容范围的抗皱美容研究尚不是时候。

前几年，为了申请政府支援的基础研究费用，我在评审委员们面前发表了我们的研究目的和方针。发表结束后到问答环节时，有位审核人员说了这样一句话："以韩国目前的状况，把国民的纳税金用在改善皮肤皱纹研究上尚不合理，向化妆品公司要研究经费是不是更合适。"我对这位审核人员的意见持反对态度。

***** **老化问题研究的最前沿**

韩国正飞速跨入人口老龄化社会，韩国的生育水平偏低，平均每个家庭生育 1.2 个孩子，但人口平均寿命却在不断延长。至 2010 年，韩国 65 岁以上人口比例已突破 11.3%。随着老年人口的增长，韩国面临着严峻的社会和经济问题：年轻人赡养老年人的负担越来越重，无经济收入或低收入的老人逐渐成为庞大的被边缘化的群体，越来越多的老年人在承受着癌症、糖尿病、高血压、骨质疏松、关节炎、阿尔茨海默病等疾患的折磨，用于治疗老年病的费用在急剧增加……现在，韩国每年支出的总医疗费用中有 20% 是用于老年病的治疗。年轻的儿女卖命工作，很大一部分收入是用来支付父母的治疗费用。因此，活在老龄化社会的我们应当对老年病多加关注并深入研究，以应对 2025 年即将到来的超高龄化社会。超高龄化社会是指 65 岁以上人口所占比例大于 20% 的社会。虽然并非易事，但我们必须投入大量的时间和精力进行研究，弄清老年人的发病原因并建立应对机制。

　　其实，对皮肤老化问题的研究是进行老年病研究的重要基础。我确信如果我们能弄清皮肤老化的病因和发病机制，就能破解人体其他器官比如脑、骨骼、肌肉、心脏、肾脏、胰腺等其他器官的老化现象。皮肤细胞因受自然的老化现象影响和紫外线照射等外部有害刺激而产生功能变异。我们所看到的面部皱纹和色斑就是因面部皮肤丧失正常功能而形成的。详细说明就是：皮肤细胞中以胶原蛋白为主的基质蛋白质的合成减少，导致面部出现了皱纹；因存在于表皮的黑色素细胞变异，产生了面部色斑。

　　上述解释也可用于说明脑部的老化现象。脑细胞也是由于受自然因素和外部有害因素如压力、污染物、有害食品等的持续影响而导致其功能异常，出现阿尔茨海默病、帕金森病等脑部疾病。虽然我们不能像看到皮肤病变一样对大脑病变进行直接观察，但是老人的大脑其实有着类似于皮肤皱纹的形态学上的变化。

　　以骨骼为例，随着年龄的增加骨骼也会变脆，特别是闭经后的女性的骨骼会急速变脆，导致骨质疏松的发病率急剧上升。这样的现象也是因构成细胞的功能变异而发生的病理现象。构成骨骼细胞的胶原蛋白的合成减少，加之分解胶原蛋白的酶反而增加，这个现象类似于皮肤出现皱纹。虽然藏在我们身体深处的骨骼细胞用肉眼是看不到的，但是从解剖学角度分析，发生骨质疏松的骨骼就像布满皱纹的皮肤一样，老化到了一定程度。简单地说，骨骼发生此类形态学变化，就是因构成骨骼的无数细胞的功能发生变化的结果。

如果这样的老化现象表现得再严重些，就会引发关节炎、糖尿病、高血压、白内障、癌症等疾病。

再举一个例子，随着步入老年，人体上的肌肉会减少，肌肉细胞的功能也会发生变化。这与随着人的年龄增大，皮肤厚度逐渐变薄且功能也在发生变化一样。还有一点是，一旦老化，肌肉细胞合成各种基质蛋白质的功能就会削弱，这也与皮肤细胞中以胶原蛋白为主的各种基质蛋白质的合成会随着皮肤的老化而减少是一样的道理。这样一来，肌肉就会萎缩，就会失去原本的模样，这与皮肤因出现皱纹而变得皱巴巴的现象是一样的，只是由于我们无法用肉眼直接观察，所以不知道肌肉也会发生与皮肤皱纹一样的变化而已。

构成我们身体的所有器官会随着老化现象的出现，其细胞功能会发生变化，维持器官形态的基质蛋白质也会发生变化。这会导致人体器官无法正常运转，这种现象严重时，人就会生病。皮肤是我们唯一能够看得到、摸得到、感觉得到的人体器官。实际情况是我们除了能亲眼看到皮肤的老化以外，身体其他器官所表现出来的老化现象是很难用肉眼看到的。但是正如皮肤出现皱纹、色素斑疹等老化现象一样，脑、骨骼、肌肉等所有器官也会有老化症状显现，这是不争的事实。皱纹不仅仅会在皮肤上形成，随着时间的流逝，也会在脑、骨骼、肌肉等所有脏器中形成。

皮肤老化现象很容易用肉眼观察，且皮肤组织标本比脑、骨骼、肌肉、心脏等组织标本容易获取。皮肤的老化程度很容易通过量化指标加以评估，与之相关的对皮肤细胞功能及基质蛋白质的变化研究也相对容易些。皮肤呈现出的老化发生机制也适用于脑、骨骼、肌肉、心脏等所有脏器。我确信没有比皮肤更好的用来研究人体老化发生机制的样本了。

像前面所提及的评审委员说的"根据韩国现状，研究皮肤老化还为之过早。由于对皮肤老化的研究与美容领域相近，所以比起研究阿尔茨海默病、癌症、糖尿病等疾病，其研究价值较低"的言论，只是不了解上述事实罢了。以皮肤为样本研究老化所获得的新知，会成为解开人体老化秘密的一把"钥匙"。

纵观全球，随着基础医学的不断发展，人类寿命也得到了延长，但皮肤科学的发展却跟不上这个速度。对于以年老的容貌生活数十年的人类，注定要面临生活质量下降等诸多社会问题。因此，皮肤科学是与当前社会、经济密切相关的不可忽视的科学。

还要强调的一点是化妆品市场及与皮肤美容相关产业的规模呈逐年增长的趋势。2014年，韩国的化妆品生产规模达到9兆韩元，全球化妆品市场规模则达到了320兆韩元。皮肤老化问题的研究成果，不仅可以为老年病治疗药物研制提供技术支持，还会成为引领全球化妆品市场的前沿技术。单从这一点来说，皮肤老化问题更具有优先研究的价值。

＊＊＊＊＊　通往美丽的路——分享和关照

皮肤老化问题的研究不仅是对生命的研究，还与社会、经济等因素密切相关，更与在老龄化社会里生活的我们息息相关。

皮肤对于我们之所以特别重要的另一个原因是皮肤作为包裹着我们身体的器官，是对外呈现我们各自容貌特点与美丽的部分。所以，我们是如此渴望呵护并美化皮肤，享受美丽皮肤带给我们的快感。懂得享受美也意味着生活过得有意义。若一个人对任何事物都无法感受到美，这个人可能处于绝望之中。

即使年老也热爱生活、渴望每天都活出精彩的人，不仅对美的感受力更强，还会创造美。他们努力生活、追求创新的行为本身就很美，美的变化是很容易被接受的，故步自封，坚守以前的状态或习惯并不可取，因为不断地行动、变化、努力的力量才让生命得以延续。

真正的美是能把美扩散到周围。美会触动人的心弦，会引起人们的共鸣，会让人产生拥有美的冲动，因此，美不只停留于表象中，会渗透到人的内心深处。

美丽并不仅仅局限于肉眼可见的美的形态中，也存在于共享这个世界的人群中，存在于需要我们珍视的大自然中，也融于把目光投向社会阴暗的角落，通过给予、分享与关爱，提高生活品质、人生质量的关怀中。拥有不断更新、完善、充实的内在品质也是一种美丽。

演员奥黛丽·赫本就是拥有这种美的典范。妈妈是荷兰人、爸爸是英国人的混血儿赫本从小生活在比利时、荷兰、英国等地。1950 年初出道的她，因主演《罗马假日》一举成名，成为世界级明星。奥黛丽·赫本作为演员活跃在影坛的时间虽然不长，大约有 15 年，却通过在银屏上塑造诸多可爱而富有魅力的形象和晚年作为联合国儿童基金会大使勤奋工作，向全世界传播了最真实的美。

她在非洲怀抱饥饿儿童，眼神流露出深深的忧伤、悲悯的样子，传递给我们的是与在电影《蒂凡尼的早餐》中穿着迷人的小黑裙所散发出的优雅的美不同的另一种美。如果说银幕上的她是幻影，是塑造的艺术形象，是夸张的，那么身赴布满危险而苦难深重的地区施以援助的她是真实的，是生活原型，是对爱的呼唤。

1988 年，59 岁的她按照自己的意愿做了联合国儿童基金会大使。自从了解到自己的名声对于筹集慈善基金有很大的帮助后，她就开始投身于帮助孩子们的事业中。沉浸于繁荣的物质文明中的人们很容易忽视还有很多地方的孩子们正忍受着饥饿与病痛的折磨。赫本在苏丹、孟加拉国、埃塞俄比亚、索马里等地，怀抱可怜的孩子们，向世界敲响了警钟。就是这样，她没有让自己的美只停留在外表，而是用引发人们情感共鸣和大爱的行动让她的美得到了无限放大。

美的内涵是宽广而又深远的。一个女性，先是以演员的身份，后又以国际外交大使的身份走出了精彩的人生，为我们树立了榜样，相信那些追求美、想扩散美的女性朋友会从中得到很多启示。

韩国女性向来很会塑造自己、装扮自己。近年来，已有越来越多的女性走出家门，融入社会，开始频繁参与社会活动。虽然男权主义观念和根深蒂固的旧俗与社会制度仍不利于女性，但是女性已涉足所有领域且成长发展的速度优于男性。在这样的氛围中，女性以其特有的感性与行动模式编织属于自己的社交网络现象是应该引起全社会关注的。

与男性相比，女性的人际交往方式是以亲切、感性为基础，所以更具情感化，更具有持久性。这样的特征也会影响女性创造和传播美的能力。原本生命的存续是需要同一种族或亲族之间结下特殊的纽带。若是那种纽带关系广泛又牢固，并以情感作为基础，那么分享个体所获得的美的力量和价值就会变得更加容易。通过协作和分享，生命才得以持续，美也才得以传播。

我们每个人都会渐渐老去，虽然我们想通过锻炼来努力延缓身体和精神的衰老，但却无法避开刻在我们生命体上的自然老化的印痕。然而，如果能这样老去——能够时常回首自己的过去，能够关心外面的世界所发生的事情，能够为社会发挥自己的余热，这个过程应该是非常美丽的，这样老去的我们一定是非常美丽的！

02

⋮

我对皮肤的疑问

人们尚未了解的
皮肤的真实情况

　　在这样或那样的场合与从事各种行业的人打交道的时候，我们就会遇到皮肤靓丽而又干净的人。这样的人给我们的感觉是既干净又舒服。看来，根据皮肤状态是可以推断一个人的健康状况、年龄，以及生活习惯的。

　　最近，女性自不必说，男性也开始关心起自己的皮肤了，不仅认真进行日常洁面、保湿等基础保养，还定期去接受特殊保养。也许，他们是想通过打造健康的体态和整洁的仪容，让自己树立游刃职场、立足社会的自信吧。

　　但是，就算怀着这种美好的愿望真心愿意付出努力，可是，人们对皮肤又有多少真正的了解呢？我作为皮肤科医生及专业研究人员，潜心研究皮肤近30年，知道在民间流传着许多关于皮肤的错误说法。其中，对皮肤健康不仅毫无益处，反而会对皮肤造成伤害的一些做法却被说成是正确的护肤方法而大行其道，甚至还有些并非真实的功效却因为符合人们的期待而被无限放大，以讹传讹。这些不严谨的知识、不确定的情报、错误的说法被口口相传，广为传播，迷惑着人们。

　　总而言之，皮肤护理的核心就是防止皮肤老化。而我，是研究皮肤老化问题的专家，是投入近30年的时间进行临床研究，逐一揭开皮肤是如何老化、皮肤细胞在发生怎样的变化、什么物质能够延缓皮肤老化等谜底的研究者。

在本章节中，我想以我的研究成果为基础，向广大读者阐述我一直以来很想告诉大家的一些问题。听我讲座的人常常会向我提出这样的问题："怎样才能长久保持靓丽而又健康的皮肤呢？""怎样挑选化妆品？""怎样使用化妆品？"……对于大家应该掌握却一知半解、似懂非懂的基础知识、注意事项等，我想逐一整理出来，让大家一目了然。

对那些热衷于皮肤护理却又不想被不真实的传言左右的人来说，只要认真阅读我对人们提出的共性的问题的解答，就会理清思路，找到正确的方向，因为我只想用事实告诉大家真相。

* 问 *　　　　　　## 含有优质成分的化妆品涂得越多越好吗

一过 40 岁，皮肤真的不如从前了。以前还经常能听到"皮肤真好、看起来很年轻"等赞美之词，可最近却对"岁月不饶人"这句话深有体会，特别是玩到深夜的第二天，面部皮肤会松弛下垂，还会出现深深的法令纹，看起来就像老太太一样。

前不久去了大学同窗会。一番寒暄过后，话题自然转移到了健康、皮肤问题上。这个说自己在吃深海鱼油胶丸，那个说自己去哪个专业皮肤护理中心接受面部按摩……大家七嘴八舌，毫不隐瞒地倒出了各自的护肤秘诀。由于最近我对自己的面部皮肤状况越发感到不满，所以不知不觉认真倾听起来。

同学聚会结束后，我与同路的朋友一起打车回家。在车上，她递给我几个化妆品小样，告诉我说这个化妆品的质量真的非常好。因为她平时只用品牌产品，所以我欣然接受了样品。

当晚我就试用了那个样品，结果，第二天的确感觉效果不错。于是，立即去商场买来正品开始认真使用。早、晚洗漱之后涂抹自不必说，每次涂抹的量也足够多，想着既然是好化妆品，那就靠它让皮肤回到 3 年前的模样。可是没想到几天前额头和脸颊上开始长痘痘了，为此我很烦恼。到底是哪里出问题了呢？

* 答 * 按说明书的建议定量使用经科学证实功效的化妆品

什么叫化妆品？根据韩国相关法律法规规定，化妆品是指通过清洁、美化人体，以达到或增添魅力、扮靓容颜，或维持、增进皮肤、毛发健康为目的使用于人体的、对人体刺激轻微的物品。

那么，所谓好的化妆品是指怎样的化妆品呢？如果具备了上述化妆品定义中提及的功能，应该可以称得上是好的化妆品。即清洁人体皮肤、让皮肤变得美丽、让皮肤变得亮白、维持并增进皮肤健康等功能突出，且使用的时间越久皮肤状态就会变得越好的化妆品，可以称之为好的化妆品。

韩国有关化妆品的法律法规还对功能性化妆品做了明确规定，这是其他任何国家都未曾提及的规定。功能性化妆品有三种类型。

第一，具有美白功能的化妆品。具有美白作用的化妆品有助于淡化皮肤的褐色斑疹或提亮肤色，是韩国食品药品安全局认可的化妆品。

第二，有助于改善皮肤皱纹的化妆品。这种具有抗皱除皱作用的化妆品也是经相关部门认证的化妆品。

第三，擦在身上，或让肌肤变得美黑，或让肌肤与紫外线隔离，有效保护皮肤的化妆品，具有这种特殊功效的化妆品，通常称之为防晒霜或防晒剂。

因此，好的化妆品当然是以显著的美白功效来提亮肤色、淡化色斑，消除、防止皮肤皱纹产生的化妆品。

那么，问题是：含有优质成分的化妆品是不是涂抹得越多越好？

化妆品里所含有的优质成分应该是指对我们的皮肤和身体没有丝毫伤害且能把化妆品原本具有的功能有效发挥出来的成分。即化妆品被皮肤吸收后，能显示出美白功效、有效改善皮肤皱纹或令肌肤健康靓丽的成分，应该都属于优质成分。因此，优质化妆品应该是指既具有突显美白皮肤功能和改善皮肤皱纹功能的成分，又能被皮肤良好吸收，使肌肤变得年轻漂亮且无副作用的化妆品。

那么，怎样才能知道化妆品所含成分是不是真的具有功效呢？例如，怎样确认化妆品中是否含有抗皱减皱作用的优质成分呢？下面，我就简单地向大家介绍一下在韩国研发具有抗皱减皱功效的化妆品的程序。

第一个阶段，先了解皮肤产生皱纹的原因，弄清产生皱纹时皮肤里面所发生的变化情况。例如，生成皱纹的皮肤中胶原蛋白的含量在减少，而分解胶原蛋白的酶在增加。此外，还会出现构成皮肤组织的数十种蛋白质在减少的现象。所以，若想改善皮肤皱纹，不仅需要补充能够增加胶原蛋白的成分，还需要补充能够抑制分解胶原蛋白的酶的成分。除此之外，也需要补充能够增加构成皮肤的各种蛋白质的成分，使皮肤恢复成年轻皮肤的样子。

第二个阶段，为了从天然物质中寻找上述需要的成分，通过培养皮肤细胞做实验，直至找到能够增加胶原蛋白、抑制胶原蛋白酶的物质。

第三个阶段，为了确认通过细胞实验的物质用在人体皮肤上是否也会有同样的效果，对志愿者进行临床试验。在临床试验中，把在细胞里有效的成分涂抹在人体皮肤上时，因不能被皮肤吸收而不起作用的现象屡见不鲜。所以，只有经临床研究，确定该物质有效并无毒副作用，才会进入利用该物质制作化妆品的程序。

最后一个阶段是用成品化妆品进行长期的临床试验，确认是否有满意效果的阶段。成品化妆品中混有多种成分，各成分之间也有可能相互影响，从而抑制或改变原有的效果，所以，这个确认阶段是很有必要的。还有，成品化妆品经人们长期使用，无论是对皮肤还是身体都不能有任何副作用。因此，我们需要通过数月以上的长时间的临床试验，确认化妆品的功效和副作用。在这种情况下进行"随机双盲对照试验"是最科学的方法。如果长期的临床研究统计数据表明经对照试验，含有改善皱纹的优质成分的化妆品比起不含有这种成分的对照化妆品（只抽出改善皱纹的优质成分的化妆品）具有改善皮肤皱纹的功效，那么，我们可以说这种化妆品是好的化妆品，是含有优质成分的化妆品。

让皮肤吸收优质成分不是一件容易的事。为了抵御外部污染物对人体的侵袭，我们的皮肤结构非常科学，其精密程度令人惊讶。一般的成分是无法通过皮肤角质层渗透到里面去的。即易溶于水的水溶性物质是绝对不能透过皮肤进入到人体里面的。此外，500Da（道尔顿，分子量常用单位）以上的大分子也是不能穿透皮肤侵入到里面的。能够被皮肤吸收的物质是小于500Da、能在非极性溶剂中溶解的脂溶性物质。像易溶于水的维生素C等成分是绝对不可能被皮肤吸收的，还有像胶原蛋白等大分子物质也绝对不会被皮肤吸收。

还想告诉大家的是我们涂抹的化妆品并不是都能被皮肤吸收的。当涂抹的化妆品使皮肤角质层达到饱和程度时，就不会再被吸收。超量的化妆品暂时滞留在皮肤上面，或被擦掉，或被洗掉。虽然充分涂抹化妆品时皮肤吸收的优质成分会比少量涂抹时多些，但并不是涂得越多就吸收得越多，所以，建议按照说明书中规定的量涂抹化妆品。

涂抹化妆品后，有时会出现额头上长痘痘或皮肤发红、发痒等症状。这可能是皮肤对化妆品中的某种成分有过敏性反应或受刺激的结果。如果出现这种情况，应停止使用这种化妆品。

作为医生，我在医院给患者开处方药时，偶尔会遇到对某种药物产生过敏性反应的患者，如服用阿司匹林后身体出现皮疹的情况，这并不证明阿司匹林有问题，而是说明这些人的体质与这种药物不太适应。再有一例：有的人吃花生后皮肤上会起疹子，问题不在于花生，而是某些人的身体对花生有过敏性反应而已。同样的道理，合格化妆品中所含的成分对大多数人是没有问题的，但是对里面的某种成分有过敏性反应的人就会出现皮肤发红、发痒、长痘痘等现象。遇到这种情况，可以先找出诱发过敏性反应的过敏原成分，选择使用不含这种成分的化妆品即可。

* 问 *

有机天然化妆品真的对皮肤好吗

由于我的皮肤比较敏感，不太适合使用合成化妆品，所以一个月前开始使用自己制作的天然化妆品。按照网上的介绍，只要购买一些化妆品材料和器具的话，自制简单的化妆品应该不难。既然使用有机天然产品是大势所趋，为了享用有机天然化妆品，这种辛苦还是值得付出的。所以，我从专卖店购买了一些原材料和容器、电子秤、玻璃吸管等器材。

我先自制洗面奶和乳液，使用了大概一个月的时间，虽然没有副作用，但是感觉皮肤没有以前好。于是，对天然化妆品原材料的产品质量是否过关产生了怀疑。也就是说我质疑各种基础油、添加剂、防腐剂、精油等是通过何种工序生产出来的。虽说是天然产品，但也是在工厂里加工出来的，因不知质量是否可靠，所以在犹豫要不要继续自制天然化妆品使用。涂抹自制有机天然化妆品，并没有感觉皮肤状况有什么好的转变，有必要这么费劲地自制化妆品吗？若要有机天然化妆品让皮肤受益，应该怎样做呢？

* 答 *

有机化妆品 ≠ 100% 有机成分
天然化妆品 ≠ 100% 天然物质

有机农业是指不使用化肥、农药等一切人工合成的肥料，采用有机肥满足作物营养需求的种植业。韩国对有机农业种植的基本要求是农作物须在三年内未曾使用化肥、农药且土壤及农业用水符合标准的环境中栽培。因此，按有机农业标准栽培，可以收获不含化肥、农药等化学物质的植物。我们理所当然地认为用这样的天然植物为原料生产的化妆品，更安全，更利于皮肤。

有机化妆品是指以有机栽培的植物为原料，不添加人工香料及任何化学产品，用无公害加工方法制作而成的化妆品。但是，有机化妆品并不是指百分之百的原料都是由有机植物提取物构成。霜、乳液形态的化妆品中只要有

10%以上成分是由有机原料构成的，就可以称之为有机化妆品。想得到有机认证，化妆品至少要由95%以上的有机成分制成，只是这个有机成分的衡量标准不一定要遵循有机农业法的规定。因此，制作有机化妆品时也有可能使用在有农药或化肥污染的环境中种植的植物。

有机化妆品成分中含有化学合成物质是合法的。原则上，有机化妆品不应使用合成成分和防腐剂，但出于对产品的安全性考虑，或在自然界中难以找到可替代的原料时，这种成分允许占5%以内。有机化妆品中若不添加防腐剂，化妆品被细菌污染的可能性很大，对皮肤不利；若不使用乳化剂，会降低化妆品的贴肤力。因此，有机化妆品中也会添加防腐剂和乳化剂。另外，从有机植物中提取有效成分时，允许使用韩国食品医药品安全厅批准的化学物质。因此，有机化妆品中会含有被许可浓度范围内的化学物质。

天然化妆品广告让人很自然地想到天然化妆品是绝对干净、绝对安全的。可是，化妆品中只要含有哪怕是极少量的天然植物提取物，也可以叫它天然化妆品，所以，请大家一定要记住，所谓的天然化妆品，并非用百分之百的天然物质制作而成。

化妆品的原材料是用植物或动物原料的提取物制作而成。从植物和动物中提取有效成分的过程很复杂，需要借助化学物质完成提取过程，才能得到含有有效成分的提取物。提取过程中使用的溶媒等化学物质是通过食品医药品安全厅认证的对人体无害的物质，残余浓度应低于多少则按有关规定进行严格的管理和监督。因此，那些全球通用的化妆品原料即使我们终生使用，也不会对身体健康、皮肤健康造成什么不良影响。

无论何时何地，从某种植物中提取有效成分的时候，都要保证提取物中含有一定浓度的有效成分，这样才能制作出具有稳定功效的化妆品。例如，葡萄中的抗氧化物质白藜芦醇经常被用作化妆品原料，但是不同地区产的葡萄，白藜芦醇的含量是不同的。不同年份产的葡萄，白藜芦醇的含量也是不同的。就算从同年同地产的葡萄中提取白藜芦醇，根据提取方式的不同，提取物中所含白藜芦醇的量也会不同。所以，在完成葡萄提取物的提取后，一定要确认其中是否含有规定浓度的白藜芦醇，这样才能制作出具有一定功效的化妆品。像这样，化妆品原料要按照严格的规定进行提取，而且为了确保有效成分的浓度不随植物原料的变化而变化，从栽培到收获的每一个环节都要进行严格把关。

***** ## 自己制作化妆品更安全吗

自己动手制作化妆品时要注意的问题很多。自制化妆品，首先要保证能够按照正确方式获取提取物，且要防止细菌感染，还要添加防腐剂抑制细菌生长。有些人忌讳使用防腐剂，但这样做可能会更危险。还要考虑到所使用的天然植物由于产地来源不同，里面所含的有效成分的量也会不同。自制化妆品既要注意采用正确方式提取原料中的提取物，还要保证制作过程安全卫生。

即使是天然化妆品，也无法保证一定没有副作用。化妆品中只含有少量的天然植物提取物，也可称作天然化妆品。有机化妆品也会有副作用。有机植物提取物中共存着数十种甚至数百种物质，这些物质中有些物质可能是具有美白功效的有效成分，有些成分可能具有抗皱功能，那么，富含这种成分的化妆品就会具有美白或抗皱效果。

然而，提取物中不是只存在有效成分的，也存在着许多其他成分，这些成分大多无法被皮肤吸收，所以不会对皮肤产生什么影响，但是也有一部分成分会被皮肤吸收，对皮肤产生副作用。所以，需要通过临床试验确认长时间使用时会对皮肤产生哪些副作用后，才可用作化妆品原料。

除了经过合成的化学成分以外，天然植物提取物也会对皮肤产生过敏性反应或刺激性反应，且发生这两种现象的概率是一样的。天然植物提取物更安全、化学成分更危险的想法是错误的。因为天然植物提取物里也会含有对人体有害的物质，虽然是人工合成的化学成分，但对人体无任何副作用、可安全使用的也有很多。所以，我想再一次提醒大家：天然物质或有机植物的提取物比化学成分更安全的想法不完全正确。

7年来一直使用昂贵的品牌化妆品，它们的功效可信吗

只要听说某品牌化妆品好用，我就会毫不犹豫地去购买。我每个月用来购买化妆品的费用就达几十万韩元。因为我比较节约饮食消费，所以自认为每月的收支状况还算是均衡的。

到目前为止，我只用过 L 品牌、E 品牌、C 品牌等进口化妆品。只要有机会出国就会在免税店购买早就计划好要购买的化妆品，主要购买的是具有"抗皱除皱"和"弹力修复"功效的化妆品，而且只要有新品推出，就会立刻购买。如此一来，我在经常光顾的百货公司化妆品专柜都享受着 VIP 待遇。

若想保持年轻的皮肤状态，就算价格昂贵也要使用好的化妆品，这是我坚持只用品牌化妆品的理由。但是最近我对此产生了怀疑。当我听说以韩国的技术水平也可以生产制造出好的化妆品之后就更加怀疑了。之前一直坚持用进口品牌化妆品的我开始怀疑这钱花得值不值。极力宣传各自功效的著名品牌化妆品，究竟有多少可信度呢？

若要确认功效，先要确认临床试验做得是否透彻

人们愿意花很多钱购买好的化妆品来使用的心理，想必大家都能理解，人们相信用好的化妆品就能够保持皮肤年轻态，能够抗皱除皱，能够淡化或

消除斑痕。

我们经常在电视上看到年轻漂亮的模特为某品牌化妆品代言的广告，那极具诱惑力的广告语和唯美的画面，会让观众产生自己用了那化妆品皮肤也会变得年轻靓丽的感觉，激起强烈的购买欲望。所以，一些化妆品营销专家主张化妆品营销，销售的其实不是化妆品本身，而是给予消费者使用了这个化妆品就会变得年轻、漂亮的梦与希望。

其实，大部分的消费者也明白，自己即便长期使用这种化妆品，也不会变得像广告模特那样年轻漂亮，可是，他们为什么仍在继续购买那昂贵的化妆品呢？我想，也许是他们一直也没有碰到真正让自己感觉有效的化妆品，故而转念一想，一分钱一分货，贵的应该就是好的，于是，就只好继续购买昂贵的化妆品使用了。

站在消费者的立场考虑，在没有亲自见到效果之前，消费者无法判断这种化妆品是否真的有效。一般情况下，消费者也只能看广告或网上的评论去判断这个化妆品的好坏。但事实上，广告宣传都会有些夸张，网上的好评也有可能是化妆品公司的人为操作。所以这些都无法相信。

其实，想确认化妆品的真实功效，最直接有效的办法就是确认通过对这种化妆品进行临床试验，客观地证明产品效能的试验结果。但是，现在在市面上销售的化妆品，其临床试验过程本身就存在很多问题。很多化妆品广告常常采用这样的方式：通过呈现对比图片（使用化妆品前的效果图和使用一两个月后的效果图）来证明这种化妆品的效果；分别用某种仪器测试使用某化妆品前后的皮肤，根据所测出的面部皱纹、肤色等变化数据对产品的功效进行宣传；召集一些志愿者试用化妆品，然后对试验者进行问卷调查，用问卷调查结果为产品做广告，等等。

但是，在做临床试验时，如果事先对试用者进行了使用这种化妆品皮肤会变得如何如何好的宣传，那么，试验结果肯定与事实不符。为什么这样说呢？下面的案例就是对此现象的最好说明。医生一边给患者开消化药一边说这是治愈他严重疾病的特效药，结果，患者的症状果真得到改善，这种就是"安慰剂效应"，也就是"伪药效应"。所以，要想避免化妆品临床试验时出现"伪药效应"，可采取以下办法。首先，要制造外观完全相同的两种化妆品，一种是含有有效成分的需探究功效的化妆品，另一种是不含有有效成分的对照化妆品。在主持试验的医生与参与试验的人对所试验化妆品的差异毫不知情的情况下进行临床试验。这种方法叫作"双盲对照试验"。

法律规定医院在确认药效时，必须进行"双盲对照试验"。因为药品直接关乎患者性命，所以，除了"伪药效应"的需求以外，所有药品必须通过"双盲对照试验"来确认其真正的功效。化妆品可以不进行"双盲对照试验"，只做简单的对比试验，根据化妆品使用前后的不同确认其功效也不违背韩国相关的法律法规要求。但是，这样的试验结果会包含更多的主观见解，很难获取准确的客观结论，"产品会有效果的"这种想法已先入为主，会导致测试者和被测试者都会向好的方面评价产品效果。

还有一个不容忽视的重要问题是：韩国法律规定评价药效的临床试验要由大学医院或非营利的专业评价机构进行，并制定出完善的管理制度对是否认真进行临床试验进行持续的监督管理。而化妆品往往是委托盈利机构来进行临床试验，因此，以盈利为目的受托机构会根据委托方的意愿拿出试验结果的可能性也是存在的。所以，盈利机构也需要建立严格的管理体制，对临床试验进行监督管理；而化妆品公司也最好是委托能够提供真实、客观评价的大学医院或公共机构进行临床试验。

所以，当我们根据广告宣传决定购买化妆品之前，想要弄清这种化妆品是否真的具有某种功效，可以去了解一下这个化妆品是怎样进行临床试验的。如果按照以下方法进行的临床试验，相信其结果也无妨。

1. 参与临床试验的人数是否足够多

如果只有 10～20 名人员参与，试验结果不准确的概率会很高。虽然参与的人数越多越好，但一般情况下，有 50 人左右参与就可以了。

2. 临床试验是不是持续了 3 ~ 6 个月

一种化妆品要至少使用 3 ~ 6 个月才能看出效果。用药物美白也至少需要 3 个月的时间才会见效，化妆品用 1 个月就有美白效果，这样的结论实在是令人难以置信。获得美国食品药品管理局许可，在市面上销售的改善皮肤皱纹的药物，也至少要用 6 个月才有改善皱纹的效果。所以，如果经过不到 3 个月的临床试验就得出了"具有美白、抗皱效果"的结论，那么，这个化妆品的功效是不可信的。

3. 是否进行了"双盲对照临床试验"

单纯地比较使用化妆品前和使用化妆品后的皮肤状况的临床研究，会因受研究者主观判断而影响结论的准确度。因此，就像检测药物的功效一样，进行"双盲对照临床试验"的话，其结果更有可信度。

4. 是由哪个机构来做临床试验的

如果是在大学医院或者是非营利机构做的临床试验，那么这个试验结果的可信度要远远高于营利机构出具的试验结果。

* 问 * 怎样做确认化妆品功能的临床试验才是正确的呢

因为我肤色较黑且色素容易沉着，所以平时非常注重皮肤的美白护理。前不久，我在美容院购买了一款据他们介绍是美白效果显著的某化妆品。据说研发团队非常优秀，且在当地口碑不错，销量也很好。

可是，使用这个化妆品快两个月的时候，我不仅没感觉有什么美白效果，还开始产生了副作用。脸部皮肤瘙痒不说，早上醒来还会发现长了好多痘痘，而且整天感觉头疼。咨询了在上海生活两年的朋友，她说这是一款在当地也曾引起顾客不满的化妆品，我顿时感觉上当了。

既然是具有美白功效的化妆品，理应是通过临床试验的产品，为什么还会发生这样的问题呢？是临床试验有问题吗？很想知道关于药品或者化妆品临床试验方面的常识。

化妆品临床试验也应
像药品临床试验一样严谨

因对化妆品的美白效果寄予厚望才购买的化妆品，反而因副作用给消费者带来了痛苦。所谓临床研究是指为了确认药品、保健品、化妆品等研发产品是否具有所期待的功效，以人为对象进行测试的试验。

市面上在销的药品不仅是用来帮助人们保持健康的身体，还能挽救生命。因此，必须经过客观、科学的试验，确认其功效后，国家有关部门才会许可上市销售。下面就简单介绍一下韩国药品研发的各个阶段。

第一，为了开发治愈某种病症的药物，先对该病症的发病原因进行研究。

第二，通过做细胞实验，从天然物质或化学合成的物质中寻找能够消除或扼制病因的元素。

第三，用在细胞实验中有效的物质进行动物实验，以确认这种在细胞中见效的物质在动物身上是否也发生功效。因为动物实验是在临床试验之前做的实验，所以又叫"前临床研究"。

最后一个阶段，在动物身上进行的前临床试验确认有效的话，再以人为对象进行临床试验。如果临床试验的结果显示这种物质对人体也有效且无副作用，才能得到可用于人体的许可。像这样以细胞、动物、人为对象进行阶段性试验，确认药物的功效及副作用之后，才开始制造安全有效的药品。

临床试验作为制药之前的最后一道试验程序，是以人为对象确认药物的功效与副作用的阶段。由于确认药物功效的临床试验关乎人的生命安全，韩国政府部门出台了严格的规定进行监督管理。

第一，规定参与临床试验的志愿者人数要有科学依据。因为药物反应因人而异，所以要有足够多的测试者参与试验才可避免得出偏颇或错误的结论。

参与测试的人数少的情况下可能会出现原本无效的药物呈现有效反应，或原本有效却呈现无效的结果，所以，为了全面彻底地确认药效，要求提出至少需要多少人参与试验的科学依据。

第二，在药物试用过程中也许会出现因无意识中心理暗示"会见效的"而使症状真的得到缓解的效果，这种现象就是前面所提到的"placebo effect"，我们也叫它"伪药效应"。实际上，名医只给开了消化药处方也能治愈患者其他疾病的现象，是因为患者信任那位名医，相信只要吃了那位医生开的药，自己的病就一定能好而产生的现象。为了防止发生这种伪药效应，做临床试验时把被测试人员分成人数相同的两组，一组吃真药，另一组吃的则是外观相同的所谓的伪药。当然，被测试者不知道自己吃的是真药还是假药，同样，组织进行测试鉴定效果的医生也不能知道谁吃的是真药，谁吃的是假药。所有这些规定，都是为了科学、客观地确认药物是否真正有效果而采取的措施。这种研究方法叫作 "双盲对照临床试验"，所有的药物无一例外，都要做这种临床试验。

第三，为了确保临床试验的全程科学规范、符合规定，需安排一位负责人对每一环节进行把关确认。法律规定临床研究必须在大学医院或非营利性研究机构进行。所有这些都是为了用科学的方法控制所有过程，彻底阻断盈利机构为了经济利益出示错误或虚假结论的途径。

像这样有关药品的临床试验，世界各国都实行最严格的管理和监督，因为药物既能救人一命也可置人于死地。正因为这样，确认药物功效的临床研究投入的费用最多，耗时最长，而且从准备阶段到临床研究全过程，需要付出相当的努力，因此也有几家医院联手协作，共同完成一项临床试验的情况。

可是，确认化妆品功效的临床试验是怎样的状况呢？也许是因为化妆品对生命安全不构成威胁的缘故，又也许是认为化妆品有无功效不算什么大问题，韩国对确认化妆品效能的临床研究并不像药物的临床研究那样制定严格的管理规定进行管理。哪怕一种化妆品只有几名志愿者参与测试而得到良好效果后大做文章、做广告也不会有问题，也没有为了防止"伪药效应"而必须要进行"双盲对照试验"的规定。并且化妆品公司常常会把临床试验交给盈利机构进行，这些盈利机构为了满足委托公司需求，存在按委托公司的意愿出具临床试验结果的可能，所以，无法保证他们在临床试验过程中没有掺杂不客观的方法或解释，其结论无法完全相信。

如果化妆品临床研究也以客观、科学地反映其功效为目的，也应效仿药品的临床试验模式，由韩国政府出台严格的管理监督制度进行临床试验才是正确的。

* 问 * 精华液、凝胶……按用途全部都得要用吗

我是一名 32 岁的职场女性。我估计化妆品柜台有数百种化妆品，只是基础化妆品就有化妆水、乳液、精华液、眼霜、保湿霜、弹力霜等数不清的种类。

前段时间，我们在酒店组织了聚会，同去的三位朋友都大包小包地带来了好多的化妆品。到了晚上，大家洗漱之后就各自霸占一面镜子开始涂抹化妆品，那阵势，令同为女人的我都大吃一惊：有说要先去角质，进出洗手间两三趟的；有左一层右一层地涂抹各种化妆品后，还在脸上敷面膜的。她们的样子，实在是令我忍俊不禁。

我真的很好奇，那么多的化妆品公司生产的那么多种类的基础化妆品，什么凝胶、精华素、精华液等，虽然名字五花八门各不相同，但功效是不是真的就没有重复的呢？那些 5 件套、7 件套的化妆品，真的要全部涂抹吗？

* 答 * 如果含有自己皮肤所需的有效成分，只涂抹一种护肤品也是可以的

我是皮肤科医生，也是关于皮肤问题的研究人员。我认为涂抹化妆品是

为了使皮肤保持湿润，让皮肤看起来更靓丽、更健康。为了使化妆品的保湿功能、抗皮肤老化功能、改善皱纹功能、美白功能等有效发挥，需要使化妆品中含有能发挥这种功效的好的成分，还要让消费者正确选择并使用适合自己的化妆品。正如前面所讲，化妆品是否真正具有这种功效需通过客观的临床研究来证明，还要确定把这些好的成分溶解于什么性质的脂质中供皮肤吸收，如把化妆品分为化妆水、乳液、面霜、精华液、眼霜、凝胶、面膜等。如果说涂抹化妆品的目的是为了让皮肤吸收这些有效成分而达到所期待的效果，那么，只要涂抹一种含有这种有效成分的化妆品就足够了，没有必要把化妆水、精华液、眼霜、乳液、日霜等依次涂抹。

同样，购买化妆品时也没有必要把化妆水、乳液、面霜、精华液、眼霜等全部购买，只要按照所需效果选择就可以了。如皮肤干燥的人只需购买保湿效果好一点化妆品，选择霜类可能会好一点；为日渐增多的皱纹苦恼，就购买有助于改善皮肤皱纹的、经临床研究确认具有这种功效的化妆品即可。只要是具有你所需的功效的化妆品，无论是化妆水、乳液还是霜，只要涂抹一种就好，美白化妆品也是一样的。

如果保湿、抗皱、美白这三种功效全都需要，就分别购买具有各种功效的三种化妆品，而且三种化妆品都要涂抹；如果一种化妆品同时具有保湿和改善皮肤皱纹的功效，那么，除了购买这种化妆品外再买一种具有美白功效的化妆品就可以了。

* 问 * ## 不使用化妆品的护肤方法是否可信

我是一名 28 岁的职场女性，前段时间听说了一种让我特别吃惊的说法：如果不涂抹化妆品，皮肤就会通过自净功能来进行自我修复。这个消息让我眼前一亮，我虽然才 28 岁，可是肤质不太好，毛孔粗大，眼角还有鱼尾纹。对此，我其实是很在意的，平时也很注重皮肤保养，只是不动声色而已。可是，最近总感觉皮肤发紧还特别干燥，所以，正担心着呢。

就在这个时候，我听说了不涂化妆品有助于恢复皮肤本身功能的消息。最近不是挺流行"无洗发液"洗发方法吗？据说这种方法虽然刚开始可能不太习惯。但用小苏打或醋替代洗发水洗头的话，真的会防止掉发，还可以修复发质呢。既然"无洗发液"洗发真的有如此效果，那么，我觉得不涂化妆品的护肤方法应该也会有效的。

其实，我也认为人体皮肤本身具有自我恢复活力的功能。所以，我很想知道不用化妆品到底是不是最好的护肤方法。

* 答 *

皮肤的再生功能存在一定的局限性，需用保湿剂来充分补水

随着皮肤的老化，皮肤组织会发生许多变化。例如，表皮细胞增长缓慢，表皮、角质层厚度变薄。角质层在帮助皮肤维持适当湿度的过程中起着重要的作用，角质层不健全，皮肤就会变得干燥。随着岁数的增长，角质层的厚度逐渐变薄，功能逐渐下降，皮肤也会变得越来越干燥。

皮肤自身具有再生能力是事实，但随着年龄的增长，皮肤的再生能力也会减弱。当皮肤受到损伤时，就无法通过再生完全恢复健康的现象也越来越多见。因此，使用保湿剂帮助皮肤保湿是非常必要的。

老年性干燥症是上了岁数的人都无法回避的症状。这是随着我们身体的老化，皮肤维持湿度的能力越来越弱而产生的现象，仅凭皮肤自身的再生能力无法解决，因此，需要通过涂抹保湿剂等补充水溶性添加剂，帮助皮肤保持适当湿度才行。

洗脸之后使用保湿化妆品，不仅会保持皮肤滋润，还有助于防止皮肤老化。身上也需要涂抹保湿剂。洗浴后需轻轻擦干身上的水分后，充分涂抹保湿剂。即使每日冲一次澡，也要至少涂抹两次。冬季气温下降后，空气湿度也会下降，特别是公寓里的湿度会变得更低，所以，在冬季里皮肤也会变得更加干燥，因此，更加频繁地加大剂量涂抹保湿剂是保持皮肤健康的秘诀。

皮肤出现老化现象也是如此。诱发皮肤老化的各种原因在前面也提过，如长时间受阳光照射的面部皮肤受紫外线影响，皮肤组织受到损伤的程度比起平时被衣服遮盖不受阳光照射的皮肤，老化更快速、更严重。即使皮肤自身有再生功能，但其功能绝对不是完备的。想要防止受阳光刺激的肌肤老化现象，需要养成平时习惯性使用防晒霜的好习惯。而且，涂抹含有修复紫外线损伤及防止紫外线伤害的有效成分的化妆品，也是保养皮肤的好办法，当然要选择效果显著的化妆品。比起干脆不涂抹任何化妆品，合理地选择使用对肌肤有保护作用的化妆品，会让皮肤更加健康、美丽。

* 问 *　　　　　　## 做皮肤微整形术会有副作用吗

一位从没去过皮肤科的 42 岁的女性，因丈夫身上起带状疱疹一起去了皮肤科，惊奇地发现皮肤科竟然有那么多患者，等了好久才叫到她丈夫的名字，一起进了诊疗室。她发现坐在候诊室里的人们不仅不像哪里不舒服的患者，还一个个都充满着活力。过了一会儿她才了解到，原来他们是来接受皮肤微整形手术的。

在医院的候诊室里到处可见介绍各种皮肤微整形术及术后效果的详细说明，如 IPL、MTS、热玛吉等，只要接受这几项皮肤微整形术，皮肤就会变得像陶瓷一样光滑，广告宣传做得非常吸引人。"我突然对这种方法产生了浓厚的兴趣。我的脸上也有几个青春痘疤痕，平时都是用粉底霜遮盖着。如果做皮肤微整形术，能让皮肤变得干净、年轻的话，是值得一试的。怎样了解皮科微整形术呢？注意事项又有哪些呢？"这位女士问。

* 答 *　　　　　　## 所有皮肤手术都会引发皮肤炎症

看似答非所问，但要解开这个疑惑，需要先说明一下什么叫炎症反应。因此，我从说明炎症反应开始回答，读到最后，大家就会明白我为什么要回答得这样冗长了。

人体在受到外部刺激后，为了进行自我保护，会产生炎症反应。皮肤发炎的原因就是外部的有害刺激使皮肤受到了损伤。而受损伤的部位会为了抑制并治疗损伤，会汇聚炎症细胞，而使发炎的部位肿胀、发红甚至出脓水。如果用手去触摸有炎症的部位，会发现此部位的温度比较高，并伴有热辣辣的、发痒的感觉，有时还会有疼痛感。

例如，在海边做日光浴的时间太久，皮肤就会被灼伤，这种灼伤也是炎症反应。紫外线让皮肤受到损伤，所以人体会产生反应。当皮肤细胞受到损伤之后，周围的皮肤细胞就会努力更换新的细胞，其表现形式为细胞将制造的新的物质分泌到细胞外，这些物质会把炎症细胞召集过来。这些被召集的炎症细胞履行着各自的职责，就是通过消除损伤的细胞，修复损伤的组织，复原被损伤的细胞和组织。我们把在短时间内努力修复并还原因受外部有害刺激而造成损伤的皮肤组织的过程，也叫作炎症反应。

但是炎症反应不能百分之百有效地修复受损组织，有时还会让正常组织受到损伤，甚至还会发生因炎症反应太过强烈而导致周围组织受到严重破坏的现象。虽然炎症细胞是为了保护我们的身体的，但也有破坏周围正常组织的副作用。如果这样的炎症反应反复的话，皮肤损伤会越来越严重，老化速度也会加快。

在此要强调的是，皮肤受到的任何刺激，无一例外都会引发皮肤发炎，而皮肤一旦发炎，正常皮肤组织也将遭受伤害。当然如果炎症极其轻微，皮肤受损程度也小，可能用肉眼察觉不到皮肤的变化。但是，如果这种轻微炎症在同一部位反复发作的话，对皮肤的损伤也会累积起来，最终会演变成用我们的肉眼也能看到的较大的伤害。

人体中最经常裸露在紫外线照射下的面部皮肤，随着年龄的增长慢慢衰老就是因为这种原因。每天被紫外线照射的面部皮肤，每天其实都在轻微发炎。面部皮肤每天都遭受一点因紫外线照射而引发的炎症的伤害，虽然我们的身体本身有自我修复功能，但是不能百分之百复原，这种无法治愈的损伤便在体内日积月累。最开始，因损伤程度微小，不显现在皮肤外面；但时间久了，累积的损伤就会通过老化的皮肤显现出来 。

最近，有很多女性和男性开始关注皮肤，开始注意自己的形象。但需要注意的是为了使自己的皮肤更年轻而做的手术，虽有程度差异，但不管是大手术还是小手术的，都会诱发皮肤炎症的。磨皮术、光子嫩肤、电波拉皮等，不管是何种手术，术后都会让皮肤产生炎症。接受这些手术后，皮肤会立刻发红、肿胀，严重时还会流脓水，这都是炎症反应。炎症轻微时，虽然我们用肉眼看不到任何变化，但因皮肤受到了刺激，所以，不可能没有炎症。也就是说，即使是用肉眼看不到，但炎症反应是一定会有的。

正如前面所说，炎症反应会损伤到健康的组织。为了使皮肤状态变得更好而反复接受各种手术，那么，几年甚至几十年之后，它的副作用会以怎样的形态体现谁都无法预测，会不会因反复发作的炎症而让皮肤更加老化？ 如果因皮肤有严重问题而接受一两次激光等治疗，那么，由于这种治疗目的明确，所以比起给皮肤带来的损伤，这更好地解决了整容问题，也就是说利大于弊，这种治疗是可以做的。但是如果皮肤毫无问题，只是为了让皮肤变得更好而反复接受整容手术，会导致今后长时间内遭受副作用的困扰，所以，接受这种手术是否有必要，还请大家深思熟虑。

* 问 *
随着年龄增长而出现的皮肤老化现象，女性和男性有何不同

我是一名 45 岁的家庭主妇，对年龄带来的负担有切身体会。5 年后有可能会绝经，因此平时非常注意，认真服用有利于女性健康的食品，如大豆、豆腐、大酱等。我不仅在饮食方面加以重视，不久前还开始了运动。

丈夫和我同岁，他原本身体就很健康，而且平时注意饮食调节，也不过

分饮酒，只是至今没能戒烟，这令我很担心。我们属于晚育，孩子刚刚上小学 3 年级，去开家长会，孩子同学家长中属我们看起来最显老。孩子考上大学的时候，我们夫妻俩得 50 多岁，所以很想保持年轻健康的外表。听说男性和女性的老化方式不同，到底哪儿不同呢？很想好好学习一下这方面的知识，以应对老化问题。

＊ 答 ＊ 闭经以后女性出现的皱纹是同龄男性的 3.9 倍

20 多岁的人皮肤紧致，几乎没有皱纹。随着年龄增长，眼、嘴周边逐渐会出现皱纹，之后，额头和脸颊也会出现皱纹。韩国女性和男性，面部出现皱纹的部位、顺序以及模样都是同样的。

可是，男性与女性出现皱纹的时间会有所差异。50 岁以前，男性有可能比女性出现皱纹的时间更早，且产生的皱纹也会更多。这有可能是因为男性比女性做更多的户外活动，皮肤被阳光照射的时间更长，却比女性疏于采取防晒措施来保护皮肤。还有，男性吸烟比例高于女性，吸烟引起的皮肤老化现象也不容忽视。但是过了 50 岁，情况就逆转了，女性的皱纹比男性多 3.9 倍。

其原因可能在于女性在 50 岁前后经历闭经，雌激素的分泌减少了。血液中的雌激素减少就会造成皮肤中的胶原蛋白量减少。雌激素在皮肤的纤维芽细胞中有促进胶原蛋白合成的作用，可由于闭经后这些作用的消失，造成了胶原蛋白量的减少。皮肤出现皱纹的最重要的原因是胶原蛋白含量减少。所以，女性闭经后皱纹极速增加的原因就是雌激素的缺乏导致了胶原蛋白合成的减少。服用雌激素的女性与不服用的女性相比，老化症状会减轻五分之一。所以闭经后人为地补充雌激素，对皮肤是有利的。

研究结果表明，闭经后女性皮肤出现皱纹的数量是同龄男性的 3.9 倍。提出问题的女士说他们夫妻二人同龄，从目前状况看，女方可能显得更年轻些，可过了 50 岁，女方会对健康状况缺乏自信，对面部皮肤状态也会感到不满。

所以，日常使用具有抗皱保湿等功效的化妆品、多吃富含植物胶原蛋白的水果和蔬菜等食物，养成抑制老化的生活习惯等，都很必要。

* 问 *

不生孩子，皮肤会加速老化吗

我今年 37 岁，29 岁与老公结婚，生孩子的计划一拖再拖，拖到现在还没生孩子。不仅仅是我，老公也不是特别愿意要孩子，所以，到目前为止，两个人的日子还算过得幸福、滋润。

我是视觉设计师，是自由职业者，工作压力比较大，特别是设计接近尾声的时候。由于常常工作到深夜，最近觉得皮肤状况很差。令我非常纠结的是：现在工作这么辛苦，而年龄在一年年增加，可这孩子是生还是不生到现在也拿不定主意……我还听老人们说，女人不生孩子会老得更快。

真的是这样吗？ 听说没有生产经验的女人患乳腺癌或子宫癌的概率更高。那么，皮肤也老化得更快吗？我并没有据此决定我们是否生孩子的意思，我只是想知道真相。

* 答 *

生产会降低雌激素对皮肤的抗老化作用

首尔大学皮肤老化研究所以韩国女性为调查对象，进行了关于只有女性才有的生理现象对皮肤老化影响的调查。只有女性才能经历的生理现象有哪些呢？研究所经调查收集的资料包含什么时候初潮、什么时候闭经、月经是否规律、怀孕几次、流产几次、生了几个孩子、是否哺乳等。

结论是闭经以及闭经后服用雌激素对皮肤老化有影响。比较有趣的是，生孩子的次数与皮肤老化有密切关联。让人惊讶的是，女性每生一次孩子，皮肤老化的危险性就会增加 1.8 倍。即生一个孩子的女性的皮肤比没有生孩子的女性的皮肤老化的速度快 1.8 倍，而生两个孩子的女性则高出 3.6 倍。

这是为什么呢？孩子生得越多皮肤老化现象也越严重，这让我想起了一句俗语——无儿无女坐莲花。越生孩子越显老的原因可以用雌激素的变化加以说明。与蛋白质（estrogen-binding protein）结合的雌激素存在于血液内，而不与蛋白质相结合独立存在的雌激素则对细胞产生作用，并发挥各种作用。妊娠期，雌激素在血液中的浓度会极速增加，导致血液中与雌激素相结合的蛋白质的含量也在增长。可分娩后，雌激素的浓度会恢复到怀孕前的状态，而原本在妊娠时增加的雌激素又大多已与蛋白质结合，所以，自由形态的雌激素数量就会减少。其结果是雌激素对细胞的影响也会减少。怀孕、生产次数越多，血液中雌激素与蛋白质结合的量就会增加，于是雌激素的作用就会降低。雌激素的作用降低，就会导致皮肤中胶原蛋白的合成数量减少，让人看起来更显老。

除此之外，怀孕期间增加的黄体酮（progesteron）也会抑制雌激素的作用。生产后给孩子哺乳，排卵会延后，雌激素的分泌会维持较低水平。以上原因说明妊娠、分娩会减少产妇体内雌激素生成的机会，其结果是促进了皮肤老化。科学地解释真实状况就是这样，生不生孩子是个人价值观的问题，望你做好判断。

因怕皮肤老化而不怀孕，这个问题比较严重。韩国最近面临着出生率低、人口高龄化现象，这是严重影响社会经济的问题。生儿育女，构建起幸福美满的家庭也是人生中重要的一课。一个家庭至少要生育两个孩子，韩国才能迎来光明的未来。

* 问 *　　　　　　　　　　　　　　　　**因笑而起皱纹怎么办**

我是一名 35 岁女性，在宾馆工作，是宴会负责人。由于工作关系，我的脸上时常挂着亲切的笑容。

不久前照镜子时突然发现脸上出现了从未见过的两道皱纹，吓了一跳。

这就是所谓的八字皱纹（法令纹）吗？是因为我的嘴稍有些向外突而形成的呢，还是因为我总是微笑才形成的呢？因为担心，我还一边照镜子一边研究了怎么笑才能不出现皱纹。

我有一个比较特别的朋友，与朋友们聚会谈天大笑时，她都会用手指摁住眼角笑，说是这样才能避免形成皱纹。

想咨询一下，平时爱笑真的会增加皱纹吗？从事像我这种职业的人，也不能因为怕出皱纹而不笑啊。很想了解与脸部形成皱纹相关的一切。

* 答 *

表情皱纹和老化皱纹形成的原因和治疗方法都是不同的

脸部皱纹出现的原因有两种。一种是由于肌肉的运动如反复做某种表情而产生的表情皱纹。眉间的川字皱纹（眉间纹）是最有代表性的表情纹，还有额头上出现的横纹（抬头纹）也属于表情皱纹。抬头纹是我们平时抬眼皮睁眼的过程中额头肌肉收缩形成的。笑的时候不仅眼部有皱纹，脸部也会有皱纹，这也属于肌肉运动而形成的表情皱纹。所以平时常常苦着脸的人，面部会形成看起来显得很神经质的表情皱纹；而表情阳光爱笑的人，脸上就会形成看起来显得非常仁慈的表情皱纹。

第二种皱纹是因皮肤老化而产生的细纹。皮肤老化现象分为因岁月流逝而造成的自然老化和因受到阳光照射而造成的光老化。皮肤老化产生皱纹时，胶原蛋白以及构成皮肤的各种细胞外基质蛋白会减少，而且，随着分解细胞外基质的酶（如基质金属蛋白酶）的增加，皮肤结构中的蛋白质也会持续被分解，从而导致细胞外基质不断减少。简单地说就是因构成皮肤的细胞外基质不足而使皮肤变得脆弱，外在表现为皮肤缺乏弹性、出现皱纹。

因为表情皱纹和老化皱纹形成的原因不同，所以预防和治疗的方法也有所不同。

首先，要预防表情皱纹需尽量减少形成皱纹的脸部肌肉运动。近年来，预防和治疗表情皱纹最常使用的方法是注射肉毒杆菌，通常叫注射除皱液。表情肌肉被肉毒杆菌麻痹后而停止运动，预防了因肌肉运动而形成的表情皱纹。可这样一来，该笑的时候因表情肌肉麻痹而无法露出笑容，就会被人误解在生气。所以，这种方法使用不当，会起到无法控制表情或使表情不自然的副作用。

如果表情皱纹生成时间较久，皱纹很深，即使不做出容易会出现皱纹的表情也已生成皱纹时，已无法靠注射肉毒杆菌去皱，需要用填充物填充皱纹部位才可消除皱纹。

非表情皱纹即老化皱纹，使用富含胶原蛋白，以及有蛋白质合成功效的化妆品是一个好办法。也有为了消除皮肤老化皱纹而实施激光等治疗的情况，但这种方法从长远来讲会对皮肤造成怎样的影响，还有待通过科学而客观的临床试验加以确认。

提问者说自己脸上的皱纹可能是因平时常做微笑的表情而形成的，因为笑而形成的皱纹实际上并不难看，反而会给人以友善、温暖的感觉。所以，如果皱纹不是很严重，可以继续保持充满自信的优雅的笑容。

＊问＊　黄种人和白种人的皮肤老化现象有何区别

我是一名 35 岁的女性，与小我两岁的英国男友结婚，现有一个儿子。

我在伦敦学习的时候与他相遇，学习期间，他对我关爱有加。我回国后不久，他便也跟我到了韩国，还找了份工作，然后我们结婚了。

在韩国第一次约会时，我感觉到周围有很多人用不一样的眼神看着我们，当我遇到不友善的目光时，也觉得很伤心。最近走在街上，会看到很多与外国人结伴而行的女性，人们看他们的目光也比以前自然多了。

因为我老公比我小两岁，且由于白色人种脸型小，所以有时会觉得自己比他老很多。老公安慰我说，虽然现在乍看起来他显得比我年轻，但因我是东方人，看起来显得年轻的时间要比他长久，所以不必担心。不管他说的是不是真的，但我不得不承认他真的很善解人意，很会安慰人，不过，我还是想咨询一下：不同人种，皮肤老化程度会有何不同呢？能简单说明一下吗？

＊ 答 ＊

黄种人会比白种人更"抗老"

韩国人属于蒙古人种，居住在东亚及波利尼西亚区域的人、美国印第安人以及被称为爱斯基摩人的伊努伊特族跟我们一样，也属蒙古人种。蒙古人种的皮肤是褐色的。特别是韩国、日本、中国、新加坡人的肤色都很相近，呈浅褐色或深褐色。体毛少，头发直而黑也是蒙古人种的特征。

在欧洲、北美等地居住的白人特征是肤色白，头发卷，脸部和身体多毛。而非洲的黑人特征是肤色黑，头发是卷卷的。

黄色人种、白色人种、黑色人种的皮肤根据人种不同，显示出遗传性、结构性和功能性的差异。

例如，包括韩国人在内的亚洲人的皮肤与白人相比，因肤色较深，所以受紫外线刺激的皮肤损伤反应也相对较小。受紫外线刺激的皮肤反应因人种而异。例如，在海边日光浴时，白人晒伤程度较重，但肤色不会变黑。而东方人比白人晒伤程度虽然低一些，但肤色会变黑。黑人则一般不会被太阳光晒伤。

人的皮肤型从白人到黑人共分为 6 种：1 型皮肤为肤色很白的白人皮肤，6 型皮肤为肤色很黑的黑人皮肤。东方人皮肤为 3 ~ 5 型之间。1 型皮肤因缺乏黑色素，在阳光下很容易晒伤，但肤色不会变黑。相反，6 型皮肤为因黑色素充足，在阳光下不易晒伤，但肤色会变黑。韩国人口约 55% 为 3 型皮肤、30% 为 4 型皮肤、12% 为 5 型皮肤，还有约 3% 为 2 型皮肤。

最近，国外知名化妆品公司非常关心和重视对于东方人皮肤特征和老化现象的研究。东方人占世界人口的 60%，这些化妆品公司对东方人的皮肤如此关心也是理所当然的。

　　同为东方人，因肤色从浅褐色到深褐色各有不同，外加遗传因素也有较大差异，所以不能认定所有东方人的皮肤是一样的。另外，东方人与白人相比，在皮肤特征和皮肤老化方面有着相当大的差异。至今为止，虽然对白人皮肤的研究很多，但对东方人皮肤的研究却比较少，尤其是对韩国人的皮肤特征和老化的研究几乎是空白。所以，对韩国人的皮肤特征进行专门的研究，开发出符合韩国人肤质的化妆品及抑制皮肤老化的产品是很有必要的。

　　这位女士的老公是白人，因白人皮肤中黑色素少，皮肤在阳光下不容易晒黑，但也因此导致紫外线不易被黑色素吸收，所以会有更多的紫外线穿透皮肤进入体内，也就是说紫外线对白人皮肤的伤害更为严重，因为白人的皮肤比东方人抗紫外线能力差，所以老化速度会更快，老化程度会更严重。这也是白人普遍比东方人皱纹多的原因。黑色素含量比老公多的这位女士，平时可以注重皮肤的美白护理。因为东方人的相貌较白人可爱，所以从长相来看并不见得会比老公显老，但随年龄的增长，肤色会因为紫外线照射而变深变暗，所以应加强皮肤的美白管理。

＊问＊　　预防皮肤衰老的科学技术发展到了什么程度

　　作为一名 42 岁的职场女性，我曾在美国洛杉矶分公司工作了一年半，两个月前回国。不知是不是分别太久的原因，这次回来，我觉得父母苍老了许多，公司的领导们看起来也老了不少，当然，在他们眼里估计我也应该是这样的。可令我惊讶的是，有几个朋友不但没有衰老，反而显得年轻了很多。其中有一个朋友一周游三次泳，另一个朋友加入了羽毛球俱乐部，每天早晨坚持去打两个小时羽毛球。不知是不是这个原因，他们的皮肤和身材都保持得很好，说夸张一点，说她们刚过三十也没人会怀疑的。原本是同龄的朋友聚在一起，可有的人看起来比较苍老，而有的人看起来却仍很年轻。

虽然是同龄人，但如果显得年轻5岁或10岁，不仅会让人觉得更有魅力，也更有能力。在快速步入老龄化社会的今天，谁都想尽量更长久地保持年轻的状态。所以，作为已年过四十，但仍怀揣少女心的一名职业女性向您请教：在科学技术和医学技术飞速发展的今天，预防和延缓皮肤衰老的医学技术发展到了什么程度呢？

＊ 答 ＊ 科学家正在寻找诱发老化的遗传因子及其他因素

记得我小时候很喜欢看一部叫《Star Trek》的美国科幻电视剧。讲的是未来的地球人到宇宙旅行，遇见宇宙人后发生的一系列故事。那个宇宙飞船里有位心地善良的医生，他总是随身携带一个能发光的小仪器。如果有人受伤了，他就用那个小仪器往患者伤口上那么一照射，伤口就像被施了魔法一样完全愈合。虽是科幻片，但有趣的故事情节却在我幼小的心里播下了梦想的种子——将来我也要发明这样神奇的仪器，成为治病救人的医生。也许是小时候的梦想成就了现在的我，如今，我真的成了一名医生——皮肤科医生。

也许在不久的将来，人们真的会发明出一些神奇的机器来，为人们排忧解难。但目前，还没有找到让老化的皮肤一下子变为年轻态的方法。虽然我们目前还无法确定，但确信总有一天会找到征服皮肤衰老的方法，迎来100岁的人也拥有20岁皮肤的时代。

人为什么会老去？目前，科学家们还没有完全揭开导致人体衰老、皮肤老化的根本原因。但他们把对老化原因的解析大致分为了两大学说。

第一个学说主张人体内存在决定老化的遗传因子，即人体会根据DNA中已规定的遗传信息而老化。例如人的寿命为120岁，狗的寿命为20年，老鼠为2年，老化遗传因子已经决定了他们的寿命。这个学说认为老化是不可避免的，会按着已规定的时间表慢慢老去，皮肤也是如此。

第二个学说主张老化现象与一个人的生活习惯和生活环境有关。如一对单卵双胞胎，拥有健康生活习惯的一方比起另一方显得更年轻、更健康。再比如日本冲绳的居民，几年前还属于在地球上生活得最健康且寿命最长的人。他们健康长寿的原因是充分摄入新鲜的蔬菜和海产品，从事着运动量较大的农业生产活动及社会活动。科学家们认为这些习惯都是他们能够长期维持健康体魄的重要原因。但最近受现代化饮食和生活习惯的影响，当地居民消费汉堡、比萨等食品的数量明显增加，而运动量却缩减，导致这个当年的长寿地区的平均寿命降至日本中等以下水平。由此推断，人们的日常饮食习惯、生活习惯、运动习惯等都会严重影响身体的老化程度，也影响着皮肤老化程度。

若想预防皮肤老化、使老化的皮肤重新焕发生机，必须先搞清皮肤老化的原因，这样才能从根本上解决皮肤老化的问题。因此，科学家们夜以继日地通过基础研究来寻找皮肤老化的原因。我也和我的学生及同事们一起为揭开皮肤老化的谜底，在首尔大学医科大学皮肤科研究所里已进行了长达25年的研究。

以下简要说明目前科学家们研究老化问题的进度。

首先进行的是寻找隐藏在人体DNA中的老化遗传因子的研究。如果能找到促使人类老化的遗传因子，就可以研发出调节该因子的方法从而抑制老化。

另一方面是研究生活习惯和环境因素是如何引发皮肤老化的。如揭示紫外线、红外线、热、烟、食物等对人体老化现象的影响，分析这些引起的分子变化情况，从而抑制老化。

简单说明就是：紫外线造成皮肤老化的原因是紫外线的照射使A蛋白质增加，而先假设通过基础实验证明了A蛋白质就是促使皮肤老化的罪魁祸首；之后就是研发减少这种A蛋白质的方法，使皮肤受到紫外线照射也不会老化。像这样，以科学依据为基础的预防和治疗皮肤老化技术的研发工作还在继续，虽然目前其效果还不像科幻电影里描述的那样惊人，但正在不断完善着。

现代皮肤科学所要探究的世界是非常广阔的。还将进行"血型和皮肤"

的研究，就是研究 ABO 血型系统各血型的抗原（糖基）对皮肤的炎症反应和皮肤正常生理功能的影响。

决定人的血型的是"抗原（糖基）"。例如，O 型糖链由 5 个糖基相连，一般是从葡萄糖开始到岩藻糖（fucose），5 个糖基按一定的顺序连接而成；B 型糖链是在 O 型糖链的基础上多了一个半乳糖（galactose）；A 型糖链是在 O 型糖链的末端多了一个 N- 乙酰半乳糖（N-acetylgalactose）；AB 型则是 A 型糖链 +B 型糖链。

我们研究所发现位于表皮最外层的 2 ~ 3 层的角质形成细胞中也存在着血型抗原（糖基）。"血型抗原（糖基）对皮肤的作用"，这是一个非常有趣的研究课题，血型抗原（糖基）在人体组织中所履行的职责将被揭晓指日可待，到那时，我们就可以根据不同血型研发药品和化妆品。最新皮肤科学将会展现出更多更好的研究成果，为抗老化防老化做出贡献。

* 问 *　　　**20 多岁女性为延缓皮肤老化应该注意些什么**

我是一位刚步入社会的 25 岁女性，往 50 多家公司发送过求职志愿书，面试 35 次后终于求职成功。不管过程如何，我现已进入公司为实现自己的梦想而努力学习、认真工作着。

我从事的是常与各个关系单位接触的工作，所以要求在化妆和着装方面格外费心。因为聚餐等应酬比较多，所以经常会很晚回家，经常在深夜 12 点以后才能卸妆。这样的次数多了，我感觉面部皮肤也变得粗糙了。虽然在公司我的年龄偏小，但听说女人 25 岁以后就会开始衰老，心里有点担心。我上班化浓妆而且工作时间也很长，我知道这样下去，对皮肤的伤害一定会很大的。我很早就开始了化妆。因为喜欢打扮，我在小学 6 年级时就开始偷偷使用母亲的化妆品化妆，中学时才改用青少年专用化妆品。为了让皮肤得到休息，节假日时我不再化妆，只涂抹面霜。很想知道我今后要怎样管理皮肤才能延缓老化，请教授多多指教。

不要过度管理，遵循基本就好

其实，人一出生便开始老化，10 多岁、20 多岁时对老化现象并不关心，一旦过了 30 岁，发现眼角出现了皱纹，感觉婚后皮肤不像以前了，才开始担心皮肤老化。本身携带的遗传因子是不能改变的，但是维持较好的日常生活习惯，摄取新鲜的蔬菜和水果、选择对健康有益的膳食、保持适当的运动，对延缓皮肤老化很有效果。现推荐以下几种延缓老化的方法供借鉴。

第一，阳光诱发皮肤老化是众所周知的。阳光里所含的紫外线是导致皮肤老化的主谋，所以外出时涂抹紫外线隔离霜（防晒剂）对防止皮肤老化很有帮助。在此需要强调的是我们一生中受紫外线照射最多的年龄段是 20 岁以前，因为这个年龄段在外面玩耍的时候比较多，所以从小开始涂抹防晒剂很重要。不论阴天还是下雨、下雪天，紫外线 A 都会透过云层穿入皮肤，所以外出时一定要抹紫外线阻断剂。

第二，每天要摄取 5 种以上适当量的新鲜水果和蔬菜。新鲜的蔬菜和水果里富含抗氧化物质，可以有效清除诱发皮肤老化的活性成分，起到抑制皮肤老化的作用。年轻时一般不太爱吃蔬菜，所以用水果替代蔬菜，多吃水果也是个好方法。

第三，皮肤干燥会诱发炎症。炎症是皮肤老化的最重要的原因，所以预防皮肤干燥很重要。过于频繁的洗浴、洗澡时用力搓澡、处在湿度较低的室内、在较热的环境中睡觉等生活习惯，都会导致皮肤干燥。预防皮肤干燥最好的方法是往身上涂抹保湿剂。洗浴后要充分涂抹保湿剂，不洗浴时也要保证一天至少涂抹两次保湿剂，都可以有效预防皮肤干燥。

第四，如果感觉皮肤已开始老化，就要涂抹已被科学认证的抗老化化妆品。从市面上销售的各种化妆品中应该挑选什么样的抗老化化妆品呢？这可是很棘手的问题。精心挑选有效果的化妆品是非常重要的。

第五，厚厚的彩妆有时会引发粉刺等皮肤过敏症状，应注意使用。

第六，因皮肤存在较大问题而实施整形手术是可以起到一定作用的，但是，为了让原本健康美丽的皮肤变得更美而常常去接受护肤管理或整形手术，则会因引发皮肤炎症而对皮肤有害，所以，从长远角度考虑，弊大于利，应小心。

第七，吸烟会促进皮肤老化，有害身体健康，所以应禁烟。

第八，不要轻信别人的言论。别人说什么食品或保健品好就不管它是否真的有效，也不管它是否有什么副作用就盲目去尝试会很危险的。因朋友接受皮肤治疗也跟着去做，更是不明智的会让自己常常后悔的行为。要使用科学认证的专家们一致认可并推荐的护肤品。如果是专家们的意见还有分歧的产品，说明其效果和安全性并没有得到认证，存在一定安全隐患，需慎用。

03

探究皮肤老化的
原因

人体的保护膜

皮肤是人体器官中面积最大的器官，成人皮肤面积一般为 $1.6m^2$，10 岁孩子的皮肤面积为 $1.0m^2$。和其他器官一样，皮肤的结构也非常精致、细腻。皮肤大致分为三个部分，它们分别是位于最外层并直接与外部环境接触的表皮，位于表皮下方的包含血管、神经、毛囊、汗腺等结构的真皮，以及位于真皮下方的由脂肪细胞构成的脂肪层（图 1）。

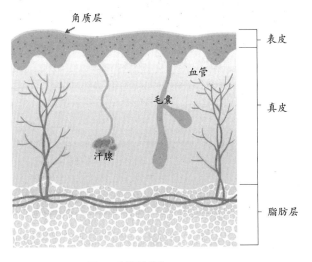

图 1　皮肤的结构
皮肤由表皮、真皮、脂肪层构成

构成皮肤的各种细胞各自执行自己固有的任务。如果因某种原因，某细胞无法执行它的任务或需要执行过重的任务，皮肤的正常结构和形态就会出现异常，就会导致皮肤变形或老化。皮肤细胞无法正常工作，也会引发各种皮肤疾病。

*****   皮肤的功能

　　皮肤有很多功能。它可以阻止外来的有害细菌侵入身体，还可以阻止血液、淋巴液、水分等成分向外流失。皮肤细胞对外来物质可产生免疫反应。正因为皮肤具有这种对外部环境的防御功能，我们的生命才得以维持。

　　第一，保护人体

　　皮肤最重要的功能是保护人体免受来自外部有害环境的伤害。这也叫屏障功能。如果皮肤有伤口或因烧伤而无法正常发挥保护功能，就有可能因遭受外部细菌的入侵而引发感染，也有可能因体内重要的营养成分或血液流失而危及健康。

　　在皮肤保护功能中起最重要作用的是表皮。可以把表皮看作是由十层左右的角质形成细胞叠加而成的细胞层。只有位于最底层的角质形成细胞才有分裂的能力。位于最底层的角质形成细胞分裂成的两个细胞，一个移向上层，一个留在最底层继续分裂，继续把新的细胞移向上层。被送到上一层的角质形成细胞不再分裂，而是进行产生角质的分化过程并继续上移，直至第十层，变成角质后死亡。

　　位于皮肤最外层的角质层是有着惊人的物理特性的强力保护膜。仅仅由2～4层死亡细胞与脂质构成的角质层是我们身体的保护膜。出色地发挥屏障功能的角质层，在保持一定厚度的情况下按先后顺序脱落。

第二，合成维生素 D

皮肤的另一个重要功能是合成维持生命所必需的维生素 D。维生素 D 有很多功能。其中最重要的功能是保证体内钙的含量正常。如果维生素 D 不足可导致身体缺钙，会引发骨质疏松症，增加骨折的危险性。儿童缺乏维生素 D 可引发佝偻病。

人体通过两种途径获取维生素 D，一是通过牛奶、蛋黄、海鲜等食物摄取，二是人体受紫外线照射后由皮肤生成维生素 D。

成人每天所需维生素 D 的量是 2000 ~ 4000IU（IU 是表示酶或维生素活性或量的国际单位）。一杯牛奶约含 100IU 的维生素 D，也就是说成人每天喝 20 ~ 40 杯牛奶才能摄取所需量的维生素 D。可见，仅通过食物摄取充分的维生素 D 几乎是不可能的，因此皮肤的维生素 D 合成功能为维持人体健康起着至关重要的作用。

皮肤犹如生产维生素 D 的工厂。皮肤细胞内的胆固醇受到紫外线照射后变成维生素 D 前体。在角质形成细胞、成纤维细胞、巨噬细胞等中形成的维生素 D 随血液流入肝脏和肾脏中，略改变其化学结构后即变身为有超强功能的维生素 D。

既然皮肤要受到紫外线照射才能可合成维生素 D，那么需要照射多长时间才能合成一天所需的量呢？像我们拥有褐色皮肤的东方人夏季穿短袖外出时，如果上午 11 点左右（此时间段紫外线强度不是最强的）照射约 20 分钟的阳光，即可合成 10000IU 的维生素 D。如前所述，成人每天所需的维生素 D 的量是 2000 ~ 4000IU。那么，在日常生活中，我们只需保证短时间的紫外线照射就可以合成比所需量多得多的维生素 D。我们普通人，借日常上下班、上下学、外出办事等机会保证每天 20 分钟的光照时间并不是难事。但那些因行动不便无法外出的人或主要是夜里外出的人，因无法保证皮肤制造维生素 D 所需的光照时间，有必要人为地补充维生素 D。

第三，调节体温

皮肤的另一个主要功能是调节体温。人体正常体温平均是 36.5℃，只有体温维持在一定范围内，人体的生物化学功能才能正常运行。我们能在超过40℃的高温环境或零度以下的低温环境中生存，就是因为皮肤能在那样的极端的环境中适当调节体温的缘故。皮肤能感应外部气温，通过调节血流量与汗液分泌量维持体温恒定。

皮肤调节体温的机制如下：外部温度上升，皮肤中的毛细血管扩张，排出汗液，蒸发的汗液带走部分热量，使体温降低；相反，外部温度下降，皮肤中的毛细血管收缩，减少热量的散发，也减少了汗液的分泌量，从而阻止体温下降。

第四，感觉功能

皮肤的神经纤维延伸至表皮，分布在人体上的感觉受体有数百万个。我们能够感受到热、冷等温度以及压力、位置、痛觉等多种感觉，都是因为皮肤中存在着这种感觉受体的缘故。皮肤的感觉受体非常敏感，可以把极其微细的感觉都加以记录并传递至神经中枢。神经中枢负责分析这种感觉并使人体做出适当的反应。

如果火、冰或者锥接触皮肤时，无法感知到烫、凉、痛，人们就不会躲避，人体就会受到伤害。皮肤在情感交流时也发挥着很重要的作用，可通过皮肤接收对方身体的感觉。当握住爱人的手或拥抱爱人的时候，皮肤无时无刻不在反映着细腻的感觉。

第五，决定外貌

皮肤可决定每一个人的外貌。人们能一眼识别家人、朋友，是因为皮肤的存在。皮肤的状态、模样、特性决定着一个人的外貌特征。若一个人的皮肤健康、干净、美丽，那么这个人留给别人的印象也不错。因此，皮肤是科学地情绪化地传递关于某个人信息的器官。同样一个人，小时候看起来可爱、中年时看起来厚重、岁数大了看起来衰老，说这种视觉差异是皮肤的变化造成的也不为过。

正因为皮肤的这些功能，我们才得以维护正常的生理功能及日常生活。当然，除了皮肤以外，人体的其他器官也在各尽其责，发挥着重要的作用。但是，因为皮肤是暴露在我们体外的器官，所以有其特殊的一面。那就是皮肤会清楚地反映出随着岁月的流逝而发生变化的痕迹，这种变化叫"老化"。

***** 皮肤老化的判定标准

经常有一些年长的老人到我的诊疗室要求除掉脸上的斑点或皱纹。当我觉得皱纹不是很深的时候会这么说：

"看起来还不错呀，我觉得不整也可以的。"

但患者说想显得年轻一点，不想显得难看，想以干净的皮肤与子孙们相见。

他们的心情我完全理解。随着年龄增长，人们也许会越来越向往年轻、干净的皮肤。特别是孙儿降生后，看着孩子那洁净无瑕的脸庞，可能会觉得自己脸上的皱纹更加的难看。

我开始做皮肤老化研究时，最需要的是可以正确测定皮肤老化程度的评判标准。因为只有先客观判断一个人的皮肤老化程度，才能判断老化的皮肤所出现的各种变化与老化现象有多大的关联。而且，判定新的治疗皮肤老化产品效果的时候，也需要有皮肤老化判定标准才能正确地了解治疗剂的效果。目前，还没有可以对皮肤老化程度准确定位的生物学指标，因为仅以单一的生物学指标无法正确判断皮肤的老化程度。皮肤的老化程度需通过观察皱纹、色素斑点、皮肤弹力等各种皮肤状态的变化情况，做出综合判断。

过去是根据主观描述来判断皮肤老化程度的。如以面部形成皱纹的程度、色素性斑点的数量与面积等作为判定标准，给判定对象的皮肤打分。但这种方法是有缺陷的，因为这个分数的多少很大程度上是由判定者的视觉标准而定的，即受判定者主观影响很大。我们的皮肤老化研究所已更名为"人体环境境界生物学研究所"。为弥补上述缺点，我们已研发了能够更准确地判定韩国人皮肤老化程度的标准。

首先，我们召集了 20 岁～ 80 多岁的被调查人员 500 名。这 500 人中既有城市人，也包括农村人，且各年龄段人数分布均匀。我们调查了他们的生活模式，即一天中在外的时间、吸烟与否等一切影响皮肤老化的生活习惯，研究了皮肤老化程度与生活习惯的关系。

然后，我们在一定照明环境下按一定角度拍摄了他们皮肤，并根据年龄段即 20 多岁、30 多岁、40 多岁、50 多岁、60 多岁、70 多岁及 80 多岁加以分类。

最后，在每一组中找出最具代表性的有着典型皱纹的人的照片进行排列。

这就是我们做的"韩国人皱纹判定标准"。

当然，更好的方法是成立试验群，对每个人进行跟踪调查，以 10 年为一个时间段进行拍照、对比、研究。但这样至少需要 80 年的时间。所以我们做出了现在可以使用的最佳判定标准。

同样的方法，我们还做出了测量面部皮肤色素性斑点程度的"韩国人色素沉积判定标准"。

我们可以用这个判定标准解决很多问题。我们一直努力研究皮肤老化的发生原因及临床表现。若想了解皮肤老化，则需观察老化的皮肤细胞所发生的变化，以及从分子水平的高度了解其发生变化的原因，还要确认老化程度与皮肤细胞的变化有着多么密切的关系。为了进行上述课题的研究，我们所需要的是可正确判断某人皮肤状态的标准。我们自认为我们研发的判定标准是目前在韩国皮肤科学界使用的标准中最适合的标准。这个标准也可以在判定化妆品或药品效果时使用。

但这个标准应因人种及国籍不同而有所不同。例如黄色人种和白色人种皮肤老化现象就有着很大的差异。因此属黄色人种的韩国人的皮肤判定标准不能套用于评判美国白人，同样，用来评判美国白人的判定标准也不可拿来评判韩国人。

美国食品药品管理局（FDA）有着自己研发的一套判定标准。他们也是从各个年龄段中选出具有最典型、最标准的老化现象的脸部为基准，用来评价除皱剂或美白剂等产品的临床疗效。

显露在外的皮肤老化

　　表面上看起来衰老的皮肤，其内部也已发生变化。皱纹变多且深的原因是皮肤内的组织发生了变化，褐色斑点增多的是皮肤细胞中的黑色素量增多所致，皮肤弹性减弱的原因是维持皮肤弹性的主要成分发生了变化。像这样，当我们从皮肤表面观察到一些现象和症状时，肯定能够从皮肤组织内部找到引发这种现象的变化。皮肤组织的变化显露在皮肤表面，使皮肤看起来衰老。

　　皮肤随年龄变化出现的体征具体是什么，这时皮肤内的组织是如何变化呢？

*****

第一，表皮变薄
——角质形成细胞的生长速度减慢

　　如果对年轻的皮肤和老化的皮肤进行比较，我们会发现老化的皮肤比年轻的皮肤薄，这与角质形成细胞的变化有关。

　　表皮由约 10 个细胞层组成。皮肤老化时，这 10 个细胞层根据不同部位缩减为 3 ~ 5 个细胞层，从而使表皮的厚度越来越薄（图 2）。10 个细胞层为什么会变成 3 ~ 5 层呢？这是因为细胞分裂能力下降了。构成表皮的角质形成细胞，位于最下层的角质形成细胞会分裂成两个细胞，其中一个细胞会

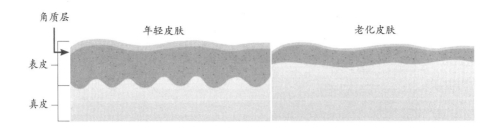

图2 随着皮肤的老化而发生变化的表皮
随着皮肤老化，表皮变薄，且表皮与真皮之间的界限趋于平缓

留在原位继续分裂，而另一个细胞则移动到上一层。只有细胞继续保持这种分裂生长的能力，皮肤才能够保持一定的厚度，也才能保持年轻而健康的表象。但是可生长的细胞的数量会随着年龄的增加而减少。因为角质形成细胞的生长能力减弱会导致角质形成细胞的生成数量减少，所以表皮层数变少了，皮肤也就变薄了。

　　将老化皮肤中可分裂的细胞进行特殊染色处理后观察，会发现比年轻皮肤中的可分裂细胞数量减少了很多（图3）。底层的角质形成细胞分裂后移至上层的细胞，经过分化过程形成角质层，最终从皮肤上脱落。因为老化的皮肤形成角质层的效率远不及年轻的皮肤，所以不仅无法良好地发挥屏障功能，还引起皮肤水分丢失很多。

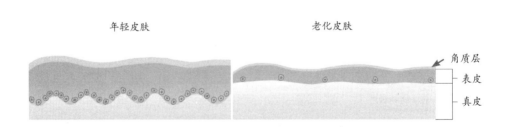

图3 角质形成细胞的生成数量随皮肤老化而减少
与年轻的皮肤相比，老年皮肤中的分裂细胞数目严重减少

老化皮肤比年轻皮肤更容易脱落，这也可解释为角质形成细胞的生长速度放慢。表皮和真皮之间的界面凹凸不平，是为了扩大接触面，使两者更加紧密地连接在一起（图2）。但是老化皮肤的角质形成细胞生长速度变慢，使表皮内的细胞数量减少，其结果是表皮和真皮的接触面变平，即接触面积减少了。这种组织学变化，致使老化皮肤即使受到很小的刺激，表皮和真皮也很容易分离。老化皮肤容易脱皮、形成水疱，也正是这个原因。

第二，肤色变化
——黑色素细胞功能发生了变化

*****

小孩子的皮肤大多是肤色均匀、白皙的，但是步入中年或老年的人，皮肤状况会是怎样的呢？中老年人的皮肤一般肤色不均匀，有的部位苍白，有的部位发黑，而且脸上常见雀斑、黑痣、不规则的色斑等。皮肤这种变化的产生缘于黑色素细胞的功能发生了变化。

黑色素细胞夹杂在位于表皮最底层的角质形成细胞之间，起着生成黑色素并向周围角质形成细胞中传递黑色素的作用。移动到角质形成细胞中的黑色素，会分布到角质形成细胞核上，防止核内的 DNA 因紫外线辐射受损。DNA 受紫外线损伤，会引发皮肤癌或皮肤老化，位于细胞核上面的黑色素就像保护伞一样为核内的染色体遮挡着光线辐射。

所以，黑色素细胞产生黑色素是保护人体受紫外线刺激的现象。

当皮肤受到紫外线照射时，黑色素细胞会增多且表现活跃，但是当不受紫外线刺激时，黑色素细胞会恢复正常功能，而且数量也会维持正常水平。

但是随年龄的增长，黑色素细胞会自然减少，生成色素的能力也减弱。这也是自然老化的皮肤渐渐发白或肤色苍白的原因。但是，持续暴露于紫外线照射中的皮肤黑色素细胞也会发生病态变化，即使不受紫外线刺激也会持续生成大量的黑色素。结果，暴露于阳光下的皮肤会出现多种色素性疾患，如在脸部、手背、胳膊等部位会形成雀斑、痣、黑痣、不规则色素沉着斑、脂溢性角化病（老年斑）等。

色素斑和老年斑都呈褐色、黑褐色或黑色，看起来极为相似。但是仔细观察就会发现色素斑是扁平的，老年斑则像痣一样是凸起的。色素斑也叫斑点（spot），因黑色素细胞增加而生成很多色素，所以呈黑色。而老年斑作为一种良性肿瘤，是由肿瘤细胞形成。

随着年龄的增长，男女皮肤上都会出现色素斑和老年斑，但在女性皮肤上更常见色素斑，男性皮肤则多见脂溢性角化病。

*****

第三，形成皱纹
——胶原纤维减少

如果某一天照镜子时突然发现脸上有了皱纹，会不由得发出感慨："我也老了！"心情也会随之郁闷的。因为脸上增加的皱纹也是上了年纪的标志。

到底是因为皮肤组织发生了什么变化，才形成了皱纹呢？

观察形成皱纹的皮肤，会发现组成皮肤的许多成分不仅形态发生了变化，量也减少了。其中最重要的变化是真皮组织中胶原蛋白的变化。胶原蛋白是组成皮肤真皮层的主要成分，皮肤真皮层80%由胶原蛋白组成。由胶原蛋白交织形成的蛋白纤维不仅维持皮肤的结构和形态，还提供皮肤的张力和弹性。

将有皱纹的皮肤和无皱纹的皮肤进行比较，会发现有皱纹皮肤的真皮组织中的蛋白纤维较细且排列稀疏，胶原纤维间的空隙也比较多（图4）。所以真皮的整体形态不够紧致，比较松散，真皮的厚度也变得薄一些。因为真皮组织的弹性减弱，所以，皮肤会按重力作用的方向或按肌肉运动的方向折叠，形成皱纹。

无皱纹的年轻皮肤　　　　有皱纹的老化皮肤

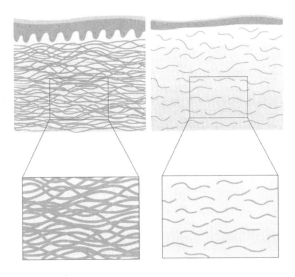

图4　老化的皮肤中胶原纤维减少
老化的皮肤中胶原纤维不足。因为胶原纤维在老化的皮肤中变细、断裂，所以长度变短，数量减少

　　但是，发达的皮肤科学正在寻找修复胶原纤维的方法，并取得了一定的成绩。关于这个方法，我会在后面的章节中加以说明的。

*****

第四，弹力降低
——弹力纤维被破坏

　　面部显老也可以看作是弹力减弱。年轻皮肤用手指按压一下会马上恢复到原状态，这说明年轻的皮肤弹力十足。可老化的皮肤呢？受到按压后好久无法恢复到原状态。

　　老化皮肤呈现的这种现象在组织学上被看作是构成真皮的成分中的弹力纤维受破坏的结果。弹力纤维是同胶原纤维一起作用于皮肤组织，以增强皮肤张力、维持皮肤形态的重要成分。弹力纤维不仅存在于皮肤中，还存在于需要弹力的人体各个脏器。例如，心脏喷射血液时需动脉有良好的扩张能力，而这一功能就是由血管壁的弹力纤维承担的。我们呼吸时肺要反复进行膨胀和收缩，所以肺也是弹力纤维较多的器官。这都说明弹力纤维在维持我们身体各个器官的功能和形态方面发挥着极其重要的作用。

皮肤中的弹性纤维形成非常复杂而精致的网状结构。老化的皮肤与年轻皮肤相比，弹力纤维精致的网状结构已遭到破坏，且被破坏的成分未能被清理到皮肤外，像垃圾一样堆积在真皮内，造成皮肤无法维持原有的形态而下垂。

这种现象，在裸露于阳光中的皮肤上显现得更为明显。阳光中的紫外线具有破坏皮肤弹力纤维的作用。紫外线对皮肤还有哪些影响，我会在后面作详细的说明。现在要大家记住的是：当我们受紫外线照射时，我们的皮肤也正在一点点地失去弹力。

*****

第五，皮肤干燥
——糖成分减少

小孩子的皮肤很水润，但老人的皮肤却很干燥。特别是脚掌或脚后跟处皮肤干燥甚至皲裂。这种皮肤干燥现象与被叫作糖胺聚糖(GAG)的糖成分有关。

用显微镜观察皮肤的真皮层，会发现真皮层的主要构成成分胶原纤维和弹力纤维的空隙，被由糖构成的成分和多种蛋白质填满。其中，由糖构成的成分即为GAG。GAG为糖胺聚糖（glycosaminoglycan）的英文缩写。

但是，GAG不是简单地起着填充空隙的作用，它会感知周边各种蛋白质和细胞的变化，并通过把这种信息传递给细胞来影响着细胞的生长、分化及功能。同时，它还有助于细胞和细胞、细胞和各种纤维之间的信息传递，帮助皮肤维持正常功能。GAG成分发生异常，我们的皮肤就会出现各种问题。

皮肤中包含六种GAG，分别是透明质酸（hyaluronic acid）、硫酸软骨素（chondroitin sulfate）、硫酸皮肤素（dermatan sulfate）、硫酸乙酰肝素（heparan sulfate）、肝素（heparin）、硫酸角质素（keratan sulfate）。

这六种 GAG 各自发挥着重要的作用。

这六种 GAG 中除透明质酸外，其他五种都含有硫酸根离子（SO_4^{2-}）。所有 GAG 在结构上都含有羧酸根 COO^-。因为硫酸根和羧酸根的存在，这些 GAG 带有大量负电荷，易与水分子结合。GAG 具有与超出自身分子量 1000 倍的水分子相结合的能力。正因为 GAG 具有这样超常的"储水能力"，我们的皮肤水分才得以保持。

老化的皮肤，表皮和真皮层中带有硫酸根的 GAG 减少了，特别是女性，这种现象尤为严重。这也是上了年纪的人皮肤变得干燥、粗糙的原因。

看不见的皮肤老化

那么，年轻的皮肤和老化的皮肤有什么功能上的差异呢？在之前，我们了解了随着年龄的增长出现的皮肤外观上的变化。当皮肤表面有变化时，皮肤组织肯定也发生了根本的变化。那么，皮肤原有的功能也会发生变化的。随着皮肤的老化，其功能可出现以下变化。

*****   第一，伤口愈合能力减弱

因伤口问题来就诊的患者中,50岁以上的患者比20～30岁的年轻患者多。因为比起年轻的皮肤，老化的皮肤伤口不易愈合。

当皮肤上出现伤口时，为了弥补伤口处皮肤组织的缺损，皮肤细胞通过分裂来帮助受损的皮肤组织再生。但随着年龄的增长，皮肤细胞生长的速度变缓，一个细胞变成两个细胞的增殖能力削弱，伤口愈合速度变慢。

像这样细胞分裂及表皮再生速度迟缓的现象在60岁以后突显。如果说皮肤的细胞分裂及表皮再生能力在60岁之前还算能维持年轻皮肤水平的话，那么60岁后，这种能力会突然下降。关于这一现象的研究，到目前为止尚无明确结果。

60 岁以上老人的皮肤生长及再生能力不及年轻人的一半。所以皮肤一旦受到刺激而出现伤口，不仅愈合的速度缓慢，伤口受细菌感染的风险也会增加。

第二，皮肤的屏障功能减弱

皮肤是在外部环境中保护我们身体的保护膜。这种保护功能大部分由皮肤角质层担当。但是皮肤老化，角质层就会变薄，结果通过皮肤蒸发的水分就会增加，使皮肤越来越干燥。

很多 60 岁以上老人诉有瘙痒症状。他们的皮肤一眼就能看出非常干燥，还起皮屑。皮肤瘙痒的最大原因就是患有皮肤干燥综合征。室内温度高、空气干燥的冬季瘙痒症状加重也是这个原因。瘙痒症状在被窝里更加严重，是因为温暖的被窝让人体血管扩张，使炎症加重。

因为瘙痒，我们会不自觉地抓挠皮肤，这会引发湿疹，也有诱发二次感染的危险。而且因为皮肤的屏障功能减弱，各种有害的化学物质有可能会通过皮肤被我们人体吸收。

第三，体温调节能力下降，更加怕冷

随着皮肤的老化，皮下脂肪层的脂肪细胞合成脂质的能力降低，脂肪层厚度变薄。尤其是暴露在阳光下的部位脂肪层更薄。脂肪层起着阻止体温散发的作用，所以脂肪层变薄，体温容易下降。

60 岁以上老人常说："今年冬天比去年冬天冷。"难道真的像他们所说，今年的气温比去年下降了吗？事实并非如此，其实不是气温明显下降了，而是他们的皮肤对寒冷的感知能力增强了。因为年龄增长了，脂肪层变薄了，更容易感觉到寒冷了。

第四，免疫力下降，易发生皮肤疾病

随着皮肤老化，表皮中担当免疫功能的朗格汉斯细胞的数量减少，功能减弱。因此，皮肤受细菌、真菌、病毒感染的风险也会增加。朗格汉斯细胞犹如皮肤的监视者，一旦在皮肤中发现有害物质，它就会启动免疫反应加以清除。

与年轻皮肤组织相比，老化皮肤组织中的朗格汉斯细胞数量明显减少。这种现象在因暴露于阳光下而导致的光老化皮肤和自然老化皮肤部位中同样存在，只是在暴露于阳光下的部位中减少得更多。

朗格汉斯细胞也可预防皮肤癌。如果因某种原因，正常皮肤细胞演变成了癌细胞，那么，朗格汉斯细胞会识别癌细胞，并诱发免疫反应，消除癌细胞。但是发生皮肤老化后，朗格汉斯细胞的数量就会减少，阻挡皮肤癌发生的监视功能也变弱。这也是老年人多发皮肤癌的原因。

我们要注意的是朗格汉斯细胞功能减弱的现象多见于暴露在紫外线中的部位。受紫外线照射，不仅使DNA受损，同时也会让朗格汉斯细胞的数量减少，影响其发挥皮肤的免疫功能和监视功能。所以，裸露于紫外线中的皮肤患皮肤癌的概率会更高。

第五，维生素 D 合成量减少

维生素 D 是人体维持各种生理功能所必需的营养素，对骨骼的健康也起着重要作用。人体缺乏维生素 D，可引发佝偻病、骨质疏松症等，也可增加各种癌症和自身免疫疾病的危险性。

虽然蛋黄、海鲜、肝等食物中含有维生素 D，但是仅仅通过食物摄取很难满足一天所需的量。不过，只需短时间的阳光照射，皮肤即可合成较多的维生素 D，因此，我们每天都可以通过皮肤合成足够的维生素 D 来维持健康。

皮肤受阳光照射，可通过皮肤细胞内的胆固醇诱导体（7- 去氢胆固醇）合成维生素 D。合成的维生素 D 可促进小肠吸收钙，使骨骼变得结实。

但随着年龄的增长，皮肤合成维生素 D 的量也会减少。老年人易发生骨质疏松症和骨折，是因为体内维生素 D 合成量减少影响了钙的吸收。

皮肤老化的
六种原因

造成皮肤老化的原因有多种。从出生、成长到逐渐老化是生命的自然进程，皮肤也不例外。但是，除了自然老化以外，还有多种原因可致皮肤老化。这些导致皮肤老化的原因，我们在日常生活中可能会经常遇到，也可能在特定环境中或年龄增长的某个阶段会遇到。那么，导致皮肤老化的原因到底有哪些呢？

***** 第一，自然老化

如何定义"身体老化现象"呢？随着年龄的增长，构成身体各器官的成分的组成会发生变化，使各器官的生理功能逐渐下降，这会导致身体因对外部刺激无法及时反应而生病。

随着年龄的增长，皮肤也不可避免地会出现自然老化现象。老化的皮肤因其功能逐渐减弱，不仅外部形态发生了变化，患老年性皮肤病的概率也会大大增加。因为皮肤是可用肉眼直视的器官，所以其老化现象让人一览无余。

皮肤的自然老化作为随着岁月的流逝无法回避的老化现象，是指在非暴露于日光中的皮肤部位所能观察到的现象。自然老化的皮肤特征有出现细细的皱纹、肤色苍白、患有干燥症、轻微的弹性减弱等等。自然老化的皮肤与长期暴露在阳光下的皮肤相比，色素性疾病、良性肿瘤、皮肤癌等老年性皮肤疾病相对罕见。

为什么会出现这种自然老化现象呢？

有些学者认为老化是由遗传性决定的不可避免的现象，当年龄增长到一定的岁数时，必然会出现与该年龄相对应的老化症状。

这一观点的理论依据是不同种类的动物寿命各不相同，如人的寿命是80～120年，狗的寿命是15～20年，老鼠的寿命是2年左右。根据这一现象，很多学者认为存在决定寿命长短的基因，并通过对酵母、线虫、果蝇等生物体的研究，发现了能够延长它们寿命的基因，但是，这些基因是如何调节寿命长短的呢？关于这一问题，还有很多需要探究的内容，目前，确定这些基因就是决定寿命的基因还为时过早。在人体中，尚未发现能调节老化现象、决定人类寿命的基因。

解析自然老化现象的另一个学说是：人类在生存的过程中，每天都会受外部环境的损伤，而这些损伤不断积累，导致人体生病、衰老。如果这一学说属实，那么，与外部环境直接接触的我们身体的保护膜皮肤应受到最大的损伤，因此，皮肤应该是最快、最严重衰老的器官。

这一学说认为组成我们身体的蛋白质、脂质以及DNA等细胞构成成分因受活性氧损伤，造成细胞功能减弱，导致人体老化。

活性氧是可对人体组织造成损伤的一种氧分子。要了解它，首先要了解分子的构成。所有分子都是由原子和电子组成，所有分子只含有一个原子，但所含电子的数量却因分子种类不同而不同。当电子数为偶数即成对时，分子呈稳定状态；但电子数为奇数即不成对时，分子处于不稳定状态，具有从周围物质中抢夺电子凑对以稳定自身的性质。像这种为了稳定自身而从周围其他分子中抢夺电子的氧分子被称为活性氧。活性氧可损伤生物体内的细胞、氨基酸、核酸，导致生理功能下降。

实际上，皮肤经常受来自外部环境中的活性氧的攻击。阳光、臭氧、污染物质形成不稳定的活性氧刺激人体，同时，细胞为了生存生长而正常利用氧进行能量代谢的过程中也会形成活性氧，"减少能量吸收会延长寿命"的主张即源于此。在适当摄取必要营养素的前提下减少食量，也可以减少在能量代谢过程中形成活性氧的量，从而降低细胞的受损程度。

这一观点是靠大量动物实验结果为依据的。少食的动物不仅比多食的动物活得久，癌症及其他老化性疾病的发生率低，而且生理现象也可更长久地维持年轻状态。但是，因不能以人体为对象进行此类实验，所以很难说在人体上一定会产生同样的结果。不过非常明确的是，少食的情况下，在消化食物、吸取营养的代谢过程中产生的活性氧的量的确相对要少，因此也减少了对细胞的损伤。可见控制食量是增进健康的明智之举。

*****

第二，紫外线

虽然皮肤会随着年龄的增长要经历自然老化的过程，但是，也会因受太阳光，特别是紫外线照射受损而促进老化。

我们把这种现象叫光老化。光老化是指在裸露于阳光下的脸、脖子、手背、胳膊、腿等部位的皮肤上能够观察到的皮肤老化现象。光老化皮肤的特征与自然老化皮肤相比，老化程度更为严重。把平时裸露在外的皮肤与被衣服遮挡的皮肤进行比较，会发现裸露在外的皮肤肤色更深、皱纹更粗更深、细纹更多。能看到黑色斑点、痣、雀斑等色素疾病的皮肤也是裸露在阳光下的部位。

总而言之，过多暴露在阳光下会加速皮肤老化进程。那么，是阳光中的什么物质使皮肤产生皱纹、色素沉积而显得衰老呢？答案就是太阳光线中的紫外线。

紫外线是太阳光谱中波长比可视光线短的不可见光线。紫外线英语全称为 ultraviolet light（缩写 UV），在 violet（紫色）前加 ultra，意为紫外线的光波波长比可见紫色光的短。

　　紫外线的波长是 280 ~ 400nm。为了便于区分，我们把波长 280 ~ 320nm 的紫外线叫 B，把波长 320 ~ 400nm 的紫外线叫作 A。紫外线 B 对皮肤的影响是紫外线 A 的 100 ~ 1000 倍，即灼伤皮肤、损伤 DNA、使皮肤因色素沉着而变黑等影响更大。然而我们也不能忽视紫外线 A 的影响，因为紫外线 A 虽然比紫外线 B 相对弱些，但量却是紫外线 B 的 20 倍左右。

　　当一次性照射大量的紫外线时，如在类似海水浴场的地方长时间游玩，肤色就会变黑，这一表象会让人感觉皮肤增添了健康美，但事实却是皮肤却已经出现了灼伤、色素沉淀、细胞坏死等现象。

皮肤被灼伤

　　长时间照射日光，可导致皮肤被灼伤。被紫外线灼伤，皮肤会变红，有刺痛，严重时还会起水疱。这种症状，在大量照射日光 20 个小时以后尤为明显。皮肤被紫外线灼伤后，血管会扩张、炎症细胞会聚集，而炎症细胞分泌的物质会让皮肤受损伤。

皮肤被晒黑

　　被日光照射后可观察到的皮肤的另一个变化是肤色变黑。生活经验告诉我们，照射大量日光后皮肤就会被晒黑。这是因为受紫外线刺激，皮肤黑色素细胞生成了大量的黑色素的缘故。如果在某天皮肤受到强光照射，那么七天以后，肤色会变得最深，因为七天之后，生成的黑色素在皮肤中累积的最多。黑色素细胞产生的黑色素会转移到周边的角质形成细胞中，随着时间流逝，角质形成细胞再移动到角质层，最终从皮肤上脱落，皮肤才能恢复原来的肤色。

皮肤细胞死亡

　　皮肤被日光照射后可观察到的现象还有晒黑的皮肤脱落。小时候，大多数人应体验过在强烈的阳光下玩耍后引起皮肤脱皮的经历。被阳光灼伤的皮肤只要轻轻一碰,薄薄的一层皮就会脱落。这种现象与皮肤细胞的死亡有关。

皮肤受到紫外线照射会引起细胞 DNA 损伤,损伤的 DNA 或因被截断或因构成成分发生变化而无法发挥正常的功能。受日光照射越多,对 DNA 的损伤也会越大。如果损伤的 DNA 一直存在的话,转变为癌细胞的可能性极高。所以 DNA 受损的细胞面临着抉择:要么修复受损的 DNA 使其恢复正常,要么让受损严重无法修复 DNA 的细胞主动死亡,以避免引发皮肤癌。如果用显微镜观察严重暴露于紫外线照射中的皮肤,会发现很多主动死亡的细胞。

暴露在阳光下的皮肤细胞大量主动死亡时,为了补充死亡的细胞, DNA 没有受损的皮肤细胞会加快增殖速度,生成更多的皮肤细胞。而主动死亡的细胞几天后就会从皮肤上脱落,这就是脱皮现象。

因为这三种现象主要是在阳光集中照射时出现,所以很多人会想平时上下学、上下班、外出办事、散步锻炼时受阳光照射的时间并不长,应该不会对皮肤造成什么影响。果真如此吗?

直言结论就是:事实并非如此!在日常生活中受到的紫外线照射对我们皮肤的伤害虽然很细微,但这些细微的伤害会累积成大的伤害,出现皱纹、色素性皮肤病、皮肤癌等症状,都因紫外线产生。皮肤之所以出现这些问题,是因为受到紫外线照射以后,皮肤组织发生了以下变化。

皮肤内 MMP 值增加

基质金属蛋白酶(matrix metalloproteinase,MMP)是一组锌与钙离子依赖性的肽链内切酶,它们的生物学功能主要是降解细胞外基质蛋白。MMP 可分解多余的胶原蛋白或已损坏的胶原蛋白纤维,帮助皮肤的胶原蛋白纤维数值保持正常。但是,如果皮肤受到紫外线辐射以后产生过量的 MMP,就会把应正常持有的胶原蛋白也分解掉,从而导致皮肤出现皱纹、弹性减弱。

朗格汉斯细胞的数量减少

朗格汉斯细胞（Langerhans cell）位于表皮角质形成细胞间，在人体免疫系统中起重要作用。它有像长臂一样的凸起，如同雷达监视外部入侵者般监视着进入皮肤中的物质。但是，紫外线辐射会让朗格汉斯细胞的数量减少，使免疫功能产生异常。

黑色素细胞功能退化

黑色素细胞所制造的色素像保护伞一样遮挡角质形成细胞的核，阻挡紫外线损伤 DNA。但是，过多的紫外线照射会造成黑色素细胞数量和功能出现问题，其结果是皮肤出现各种色素沉着斑痕。

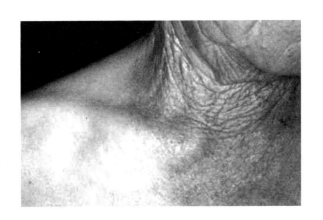

图 5　皮肤的自然老化和光老化
这是一位 70 岁老人的照片。通过对比裸露于阳光中的皮肤和被衣服遮挡的皮肤，
发现暴露于阳光下的皮肤明显严重老化

上面这张照片（图 5）是一位 70 岁女性的颈部皮肤。可以看出平时被衣物遮挡的皮肤和裸露在外面的皮肤有明显的差异。裸露在外面的皮肤有又深

又粗的皱纹且肤色呈深褐色，再仔细观察，不难发现里面还夹杂着已经脱色发白的皮肤，而且皮肤因失去弹性，出现皱纹并明显下垂。而平时被衣物遮挡阳光的皮肤，虽然不是弹力十足，但是和裸露在外面的皮肤相比，皱纹明显减少，并且无色素沉着，所以显得比较年轻。虽然没有受到阳光的照射，皮肤也会与其他器官一样自然老化，但是暴露于阳光下的皮肤老化现象比自然老化现象明显严重。

我们在日常生活中受到的紫外线辐射是少量的，但是经十年甚至数十年的紫外线辐射后，我们的皮肤老化症状会十分严重，而且也有患皮肤癌的可能。光老化现象也可以说是由于皮肤数十年受到紫外线照射而出现的慢性损伤反应。

1999年，我对韩国人皮肤老化现象和引起皮肤老化现象的危险要素进行了研究。我对在首尔、京畿地区居住的20～80岁的407名被测试者的皱纹、色素性皮肤病等皮肤老化症状进行观察并用尖端机器设备进行了测试。同时，确认了被测试者在日常生活中存在的会引起皮肤老化作用的危险因素并做了详细记录。如确认并记录被测试者的职业、日常受紫外线辐射的量、是否吸烟、饮酒习惯等，这是只收集一个人的资料就需要四十分钟以上的复杂的过程。通过这个调查，我们确认了韩国人皮肤老化的特征和促进皮肤老化的危险因子，也可以依此推测这些危险因子加速皮肤老化的进程。

经我们研究所调查发现，每天平均受阳光照射5小时以上的人和每天只照射1～2小时以内的人相比，前者的皮肤老化程度是后者的4.8倍以上。所以，防止皮肤老化最有效的方法是尽量避免受紫外线照射。如果从小就注意避开暴露于紫外线下，则可以预防或延缓70%～80%的皮肤老化现象。

＊＊＊＊＊ 　　　　　　　　　　　　　　　　　　　　　　第三，热刺激

> **小贴士**
>
> **热老化**
>
> 　　皮肤热老化的概念是我们皮肤科学研究所（现名为人体环境境界生物学研究所）于 1996 年最先提出的。新的概念被学界认可需经很长的时间，因为这个概念的合理性需要得到验证。自从提出皮肤热老化这个新概念后，我们在许多国际学术会上介绍了我们后续的研究成果。而且国内外多家化妆品生产厂家和化妆品开发商也在不断地向我们咨询有关抑制皮肤热老化的方法和开发相关物质方面的一些问题。这说明我们提出的皮肤热老化概念正获得来自国际社会越来越多的认可。

　　炎热的夏天，如果长期待在阳光下，我们的皮肤也会发热。那么皮肤的温度到底会上升多少度呢？

　　为此，我们做了一个有趣的实验。一个阳光明媚的八月的某一天中午，我们到皮肤科学研究所楼顶上一边晒着太阳，一边进行了皮肤温度变化测验。在室内的时候，我们的皮肤温度一般是 31℃。我们知道 36.5℃ 是人体的正常体温，但皮肤温度比体温低 4～5℃。当我们被正午的阳光直射 5～15 分钟的时候，我们的皮肤温度居然上升到了 40℃ 以上。在这个测试过程中，我们也发现了个体差异的存在，那就是肤色深的人，皮肤温度上升得更高些。这个实验也通过肤色与温度的关系再次证明了深色比浅色更易吸收阳光这一原理。

　　盛夏，在阳光的照射下，我们的皮肤温度会上升到 40℃、41℃，甚至 42℃。而皮肤温度一旦超过 42℃，我们就会有灼热刺痛的感觉。

　　皮肤的正常温度是 31℃。当皮肤温度受阳光照射达到 40℃ 以上时，在

皮肤细胞内发生的各种生化反应会不会出现异常呢？为了探究这个问题，我们在对皮肤进行热刺激后观察了细胞的变化。

对培养出来的皮肤细胞进行热刺激，当皮肤细胞温度升到41℃时起，发现皮肤内的MMP酶值开始增加。MMP可分解体内多余的胶原蛋白或已损坏的胶原蛋白纤维，使皮肤的胶原纤维数值保持正常。但是，如果受到过多的紫外线照射后会产生过量的MMP，那么，它们就会把体内应该正常保有的胶原蛋白也分解掉。

在以人为实验对象进行的实验中也产生了同样的实验结果。我们给臀部皮肤以热刺激，使臀部皮肤温度升到43℃以上时，发现MMP值明显增加。因增加的MMP酶分解了构成皮肤的胶原纤维和弹力纤维，导致皮肤表面出现皱纹且皮肤弹性减弱。

阳光照射皮肤，使皮肤温度升高，是因为受到阳光中红外线（infrared light）的影响。红外线是波长介于微波与可见光之间的电磁波，波长在760nm（纳米）至1mm（毫米）之间，比红光长的非可见光。红外线被皮肤吸收后转变成热能，提升皮肤的温度。不久前还认为红外线只是起到提升物体温度的作用，对人体没有什么危害。但是我们皮肤科学实验所首次确认了红外线也和紫外线一样，都是导致皮肤老化的光线。

往老鼠的皮肤上同时投射红外线和紫外线时产生的皱纹比只投射紫外线时产生的皱纹多，这说明红外线不仅能独自影响皮肤形成皱纹，还会加重皮肤因紫外线照射而产生的老化现象。

在现实生活中，我们很容易找到热刺激能使皮肤老化的证据。一辈子制作面包的人，他的胳膊比起别的部位皱纹较多，而且老化很严重。这是因为烤面包需要面包师不断反复把胳膊伸入烤箱的操作。玻璃工艺师也一样，因为他们要用长管吹被高温熔化的玻璃液体制造各种工艺品，所以平常脸部总是受到热刺激而严重老化。像他们这样长期从事高温作业的人，身上会出现只有老年人的皮肤才会有的"日光性弹力纤维综合征"。

日光性弹力纤维综合征又称光线性弹力纤维病，系长期暴露于日光下引起皮肤退行性改变的疾病，以弹力组织受损变形为主。长期暴露于日光引起的日光性弹力纤维综合征充分说明高温会引起皮肤老化的形成。值得关注的是热老化的皮肤部位比光老化的部位更深一些。紫外线只是能穿透到真皮层的上层，但热能却可以传递到真皮层的下面，因此热引起的日光性弹力纤维综合征发病区域会比较深。

所以，我们在日常生活中要注意避开有可能引起皮肤温度上升的状况。那么，我们在哪些地方会接触到热气呢？首先想起来的是洗浴中心的汗蒸室。

韩国人非常享受把身体变得暖暖的再休息的那种感觉，所以还创造出了韩国特有的汗蒸文化。我跟学生一起去汗蒸房测量了人们的皮肤温度，结果很是惊人：热水池中的水温一般是 40 ~ 45℃；躺在汗蒸室流汗的人，皮肤温度普遍高于 43℃；坐在烤炉前的人们的皮肤温度更是惊人，他们的皮肤温度都超过了 50℃；而受地面高温影响的脚底温度已超过了 60℃。三伏天受到阳光直射的皮肤、在汗蒸房热蒸的皮肤、泡在热水池里的皮肤，在这些状况下，皮肤温度都很容易超过 43℃。

正如前面所说，对皮肤细胞加热时 MMP 就会增加，就会分解组成皮肤的胶原蛋白和弹力纤维。结果，皮肤失去了弹力、产生了皱纹。热刺激还会引发皮肤炎症使皮肤受到损伤，而这种现象一旦反复，就会使皮肤损伤累积起来，最终导致皮肤老化。

现代人因常听说紫外线对皮肤有伤害，所以认真涂抹着紫外线隔离霜。我相信在不久的将来，人们不仅注意防止来自紫外线的伤害，还会注意预防来自红外线的热老化现象的时代一定会来临的。皮肤热老化这一概念正在被很多国家所接受，很多化妆品公司也开始推出了阻止皮肤热老化的方法。

第四，更年期

几年前，在研究韩国男性和女性皮肤老化的差距时，发现了超出预期的研究结果——女性的老化程度要高于男性 3.9 倍以上。关于女性的皮肤老化程度要高于男性的观察报告也见于对白色人种的研究中。研究报告指出，白人女性的老化程度是白人男性的 2 倍以上，而且皮肤老化的危险性也相对高于男性。为什么女性的皮肤老化现象比男性更严重、更明显呢？虽然目前还无法给出明确答案，但是已经掌握了几种原因。

现代女性，月经初潮的年龄大多在 10 岁以上，女性身体定期发生排卵、月经这种由激素的改变引起的生理现象一般持续到 50 岁左右才消失，我们称这种现象为绝经。90% 以上的女性，绝经年龄通常在 48 ~ 52 岁。绝经以后，女性的身体会出现一些明显的变化。这种变化是由于绝经，体内不分泌雌激素，导致血液中的雌激素含量突然减少而引起的更年期症状。通常表现为阵发性脸潮红、潮热、盗汗，也会出现健忘、抑郁等现象，还有口干以及因阴道分泌物减少而性交疼痛的现象。由于形成骨骼的胶原蛋白的合成量减少，这个时期也容易发生骨质疏松症。这个时期，女性体内肌肉逐渐减少，体重突然增加，皮肤皱纹增多、弹性减弱。不得不说这些症状是让刚开始闭经的女性非常难以忍受的、情绪低落、烦躁不安的体验。

口服药物补充不足的雌激素可使以上症状逐渐消失，这说明雌激素对女性来说具有极其重要的作用。

目前，韩国 50 岁以上的人口占总人口的 30%，这说明 3 名女性中就有一名年龄在 50 岁以上，也就是说 3 名女性中有 1 名处于绝经期。 韩国社会的老龄化速度极快，20 年后，路遇 2 名女性的话，其中 1 人会是绝经状态。假设一个女性的寿命为 80 岁，那么，她一生中有三分之一的时间是在绝经状态中生活的。

成人不分男女，因自然老化，皮肤中的胶原蛋白每年会减少 1%。但是女性闭经，平均每年会减少 2.1% 的胶原蛋白。在闭经后的 15 年里，女性皮肤里的胶原蛋白会消失 45%，存在于皮肤真皮层结缔组织中的胶原蛋白的减少，使皮肤松弛、尽显老态。因绝经造成的胶原蛋白的减少不仅对皮肤有影响，还会影响骨骼，引发骨质疏松，也影响膀胱或尿道，引发尿失禁。

我们实验室的研究结果显示，50 岁以前，韩国男性与女性相比，皮肤老化来得更早也更明显；而 50 岁以后，女性的皮肤老化速度则更快些。这是因为 50 岁以前，男性比女性户外活动多、吸烟多且又疏于皮肤护理，所以老化现象更突出；而女性在 50 岁以后，因经历绝经造成体内雌激素缺乏，从而导致皮肤迅速老化。

最近，因为有口服雌激素可增加乳腺癌或宫颈癌的发生率的报告，许多患者和医生对服用雌激素治疗更年期症状很小心，但是，我们发现了不必服用雌激素也可给予皮肤雌激素的方法，那就是往皮肤上涂抹雌激素。我们的实验室证明，往自然老化的皮肤上涂抹雌激素雌二醇（estradiol），皮肤中胶原蛋白的合成会达到年轻皮肤的水准（只有在光老化的皮肤上好像没有这种反应），还出现了皱纹减少，弹力纤维恢复到年轻皮肤状态的再生效果。雌二醇的这种效果在老年女性皮肤上的表现更为明显，对老年男性皮肤虽然也有同样的效果，但不是很明显。

很多植物中包含着具有雌激素功效的物质，也有天然雌激素物质。这种物质叫植物雌激素（phytoestrogen），黄豆中富含这种物质。把植物雌激素当食物充分摄取或涂抹于皮肤上，都可以得到补充雌激素的效果。

***** 　　　　　　　　　　　　　　　　　　　第五，吸烟

促进皮肤老化的另一个因素是吸烟。对白色人种来说，吸烟习惯会增加皮肤皱纹的事实早已得到证明。首尔大学医科大学皮肤科研究所调查了吸烟

对皮肤老化的影响情况。

　　研究所召集的被调查人员构成如下：成年男女中30年以上烟龄者114名，烟龄为1～29年的99名，没有吸烟经验但年龄、性别、平时受阳光照射的量等其他条件相同者194名，共407名成年男女。他们对这三组成员的皮肤皱纹、皮肤弹性等皮肤老化状态进行了比较观察。

　　结果，一天一包香烟抽30年以上的一组人员的皮肤老化症状比完全不抽烟的一组成员严重2.8倍，而一天一包吸50年的人的皮肤老化程度更为严重，是完全不抽烟那一组的5.5倍。

　　如果吸烟的同时经常参加户外活动，那么吸烟和紫外线的共同影响的效果会远远超出单个影响的总和。在这种情况下，比每天禁烟参加1至2小时户外活动的人皮肤老化现象严重11倍。最近，大多数大型建筑，室内都禁止吸烟，于是，许多烟民到建筑物外吸烟，这样一来，皮肤就因受吸烟和紫外线的共同影响，老化现象更为严重。

　　日本曾发表研究结果说，每天吸烟一包吸30年、每天平均接受2个小时阳光照射的人比不抽烟也几乎不照射阳光的人，皮肤老化的危险增加了22倍。吸烟是使内因性老化现象和紫外线光老化现象更加恶化的原因。

　　香烟中的哪些成分会使皮肤老化呢？这个问题目前尚无明确答案。但香烟中有数千种有害成分，抽烟时，这些有害成分会通过肺进入血液之中。结果，香烟中的数千种化学成分会对身体造成不良影响。同时，吸烟时产生的烟雾会接触到皮肤，烟雾中的活性氧和各种有害成分会直接作用于皮肤，促使皮肤衰老。

　　烟的危害在动物实验中也得到证实。用水过滤香烟的烟雾，烟雾中的有害物质会溶解在水中。将此溶液涂抹在老鼠的皮肤上，发现老鼠皮肤中胶原蛋白的合成受抑制的同时，分解胶原蛋白的酶MMP-1会增加。这说明吸烟时烟雾中的有害物质会直接作用于皮肤，导致皮肤衰老。而且吸烟时将烟雾吸入时，肺组织会遭到破坏，严重时可致呼吸困难。吸烟有百害而无一利，所以，一定要戒烟。

第六，皮肤炎症

因摔倒形成的伤口、被阳光灼伤或接触如漆树一样会引起接触性皮炎的物质，相应部位的皮肤会红肿，触摸有灼热、瘙痒、疼痛的感觉，我们称其为炎症。炎症是皮肤为了保护我们的身体而对外部刺激做出的防御反应。当外部有害刺激损伤皮肤时，炎症细胞会聚集起来，抑制并治愈损伤。

但是，伤口愈合后，损伤的部位会留下明显的疤痕。小的时候摔了一跤形成的伤口、手术的刀口、被虫叮咬的伤口等都留下疤痕的原因是什么？

先说结论就是：肌体在自行治愈伤口时会出现炎症反应，正是这个炎症反应对周围的正常皮肤组织造成了损伤。简单梳理就是：为治愈伤口，皮肤出现了炎症；而皮肤炎症又造成了周围皮肤损伤，也导致了皮肤老化。那么，发炎的过程为什么会对皮肤造成损伤呢？

外部病菌侵入后皮肤分泌细胞因子，细胞因子种类很多，根据有害刺激的种类和皮肤损伤程度不同，皮肤所分泌的细胞因子的种类和量也会不同。当皮肤分泌细胞因子后，炎症细胞就会沿着血管聚集到伤口部位。炎症细胞之所以能在最短时间内到达受损部位，是因为细胞因子具有扩张血管的功能。受损部位的皮肤发红且比其他部位的温度高也是因为这个原因。另外，为了让炎症细胞顺利地渗出血管，血管壁会变得松弛，这也是发炎部位浮肿、流脓的原因。

炎症细胞到达受损皮肤组织后便开始执行各自的任务。首先会形成各种细胞因子或酶等多种物质。酶会分解受损组织或细胞，使其易于被清除掉。炎症细胞既可以自己形成皮肤再生所需的成分，也可以通过刺激周边皮肤细胞形成所需要的成分。像这样，当来自外部的有害刺激损伤皮肤组织时，为了使受损皮肤组织在短时间内恢复原状而努力的过程，就叫炎症反应。

但是，炎症反应无法让受损组织百分之百复原，炎症反应中形成及分泌的各种酶或细胞因子也会给周围正常的皮肤组织造成损伤。

如粉刺消失的位置出现疤痕，是因为炎症细胞分泌的各种酶分解了粉刺周边皮肤中的胶原纤维，使粉刺周围正常的皮肤组织遭到破坏。当然，如果炎症反应轻微，那么，对皮肤的伤害也轻微到无法察觉。但是，无论多么轻微的炎症反应，只要反复发生，使皮肤承载的轻微损害持续积累，最终也会变成一个大的可见的损害。

紫外线是促使我们皮肤每天都发生轻微炎症的罪魁祸首。虽然我们无法察觉，但我们的皮肤每天都因紫外线的照射而受到轻微损伤。为了清除因紫外线受损的细胞，炎症细胞会分泌细胞因子促使周围的细胞产生所需的酶。但是，这些酶不仅消除了死去的细胞，还分解掉了周围存在的正常的胶原纤维或弹性纤维。这样的过程天天反复，日日累积，最终形成了我们不希望出现的皮肤损伤。

虽然我们的身体有自我修复的功能，但不能完全恢复到炎症发生之前的模样，而且没有被治愈的损伤也会一点点地在累积着。起初，因这种损伤是轻微的，不会呈现在皮肤表面，但随着岁月的流逝，长期累积的皮肤损伤便以老化症状显现出来。

炎症比我们通常所想的广泛得多，我们要知道所有的刺激无一例外都会诱发皮肤炎症，而一旦出现炎症，则会引发我们不希望看到的皮肤损伤。

为了皮肤护理而接受的微整形手术也会引起不同程度的皮肤炎症。做清除牙结石，剥皮手术、激光、IPL、热玛吉等手术的皮肤会红肿，严重时还会流脓，也会出现短暂的灼痛或瘙痒。也许从表面上看不出什么明显的症状，但受到刺激的皮肤不可能没有炎症反应。如果发生了炎症反应，那么，即便达到了手术目的，也会导致皮肤组织受损的。

开始的几次治疗不会使皮肤损伤表现得那么明显，因为一两次的微整形手术对皮肤组织的损伤本不会很严重，外加我们身体具有的自愈功能会把这种损伤最小化。但是，如果以整形美容为目的反复接受这种微整形手术的话，现在谁也无法预知几年或几十年后会出现怎样的副作用。

在无论男女老少都对皮肤的护理和保护格外重视的今天，请实施微整形手术的医务人员一定不要忘记自己的责任和义务——认真研究这种治疗方法从长远来看会引起什么样的副作用，有没有可能因反复的炎症反应而使皮肤更加老化……

04

:
:

护肤秘籍，
快来实践吧

健康皮肤的秘密

再怎么强调也不为过的
紫外线隔离

仔细观察婴儿的脸，会发现他们的皮肤特别细嫩白皙，像吹足气的气球一样弹性十足。可这样柔嫩白皙且又丰盈饱满的皮肤无法维持到长大成人时，这是多么令人遗憾的事情啊。可以说皮肤从一出生就开始衰老。一年又一年，过了 20 岁以后，皮肤就像泄了气的皱巴巴的气球一样，老化过程开始，皱纹也开始出现了。

随着年龄的增长，皮肤与身体的其他器官一样功能减弱是生命的自然进程。不过，若抛开人体的自然老化现象对皮肤的影响，引发皮肤老化的最大因素就是紫外线了。紫外线对皮肤的影响在前面已简单介绍过，即紫外线会导致皮肤产生皱纹，还会引发色素沉着、皮肤癌等各种皮肤疾病。

*****　　　　　　　　　　　　**紫外线使皮肤老化**

人体一生受紫外线辐射的总量中，有三分之一的量是在 18 岁以前承受的。不管皮肤是否被晒黑，在户外疯玩的时候也就是 18 岁之前了。成为大人以后估计就没有了那样玩的冲动与兴致了。很多人都有过小时候在海边或户外游泳池玩一整天后被晒得脱皮的经历，估计那时候人们也不知道阳光的可怕，认为黝黑的皮肤展现的是健康美，认为自己会永远活在青春期。

皮肤健康要从小抓起，因为皮肤老化现象不是到中年才开始出现的。从没有意识到任何危险在阳光下玩耍的小时候起，我们的皮肤就已经开始慢慢老化。要尽早了解紫外线对皮肤健康和美容的影响，从小养成良好的护肤习惯才好。

自然老化是谁也无法避免的，但是因紫外线照射引起的老化是可以避免的。想减少紫外线照射对皮肤的刺激，最好在阳光强烈的早上 10 点到下午 3 点避开户外活动。如果一定要外出，面部、颈部等暴露于阳光下的部位一定要仔细涂抹防晒霜，并穿上长袖衣服，尽量更多地遮挡皮肤。在此基础上，如果再戴上太阳镜、大檐帽，打着太阳伞，就能更好地避开紫外线的照射了。

即使在汽车里也不能掉以轻心。玻璃可以屏蔽紫外线 B，但是无法屏蔽紫外线 A。虽然紫外线 A 灼伤皮肤的强度仅仅是紫外线 B 的千分之一左右，但紫外线 A 的量却是紫外线 B 的 20 倍左右。因此，紫外线 A 对皮肤的恶劣影响也不可忽视。

驾驶汽车时，为了保证车内温度或空气质量，炎热的天气会打开车窗驾驶，结果，会出现靠窗的脸和胳膊因更多地暴露于紫外线中而不对称的老化现象。观察白天长时间驾车的人，会发现他们靠窗的脸和胳膊因长期受紫外线影响，老化现象更为严重。

***** 防晒霜应每天早上涂抹，每隔 3 小时补一次

市面上出售防晒霜、防晒露、防晒油等各种隔离紫外线的防晒化妆品，当人们把它涂抹于皮肤上时，可以吸收或反射紫外线，以阻断紫外线渗透到皮肤的各种物质的混合体。根据成分和原理不同，防晒化妆品可以分为两种。

一种是使到达皮肤的紫外线发生物理性散射，从而避免紫外线直接接触皮肤的无机物制剂，即物理防晒剂。制造物理防晒剂常使用二氧化钛和氧化

锌，这些物质具有良好的稳定性，而且不会被皮肤吸收，很少发生刺激皮肤或诱发过敏性皮炎的现象。因此，皮肤脆弱的儿童或老人都可以使用。这种防晒剂唯一的缺点是涂抹后肤色偏白，显得不自然。

另一种是使到达皮肤的紫外线的能量被化学吸收，从而避免紫外线直接损伤皮肤的有机物制剂，即化学防晒剂。化学防晒剂是由能够吸收紫外线 B 的肉桂酸盐、水杨酸等成分和能够吸收紫外线 A 的成分混合而成的物质。将化学防晒剂涂于皮肤时，看起来比涂抹无机物制剂更为自然。化学防晒剂偶尔会有刺激皮肤、引起过敏性皮炎的现象，虽然这种现象比较罕见，但也要注意选择使用。

也许是每当气温上升、阳光炙烤大地时，报纸、广播等各种媒体经常提醒人们使用防晒用品屏蔽紫外线的缘故，现代女性大多把防晒剂当作必需品随身携带。但是即使是了解紫外线的危害，想保护皮肤不受紫外线影响的人，在实际生活中能正确使用防晒剂的也很少。

使用防晒剂时最易出现的问题是涂抹的量不足。还有因涂抹不够仔细而使有些部位皮肤仍暴露于阳光下，或因没有及时补涂被水、汗冲洗掉防晒剂而无法有效地屏蔽紫外线的情况也时有发生。

那么，防晒化妆品应该涂抹多少呢？

通过实验检测防晒化妆品效果发现，每平方厘米皮肤应涂 2 毫克防晒化妆品，这比我们在实际生活涂的量多很多。如果按这个比例涂抹防晒化妆品去见朋友的话，说不定会被嘲笑涂成了"僵尸脸"呢。现实生活中，人们涂于脸上的防晒化妆品的量通常是实验中使用量的三分之一或二分之一左右。因此，如果想得到良好的屏蔽紫外线的效果，不仅要适当地增加涂抹的量，还要仔细地涂抹。炎热的夏季，涂抹的防晒化妆品会被汗水或雨水冲洗掉，所以，建议每隔三四小时补一次。

选择防晒化妆品时应选择同时标有屏蔽紫外线 B 效果的 SPF 和屏蔽紫外线 A 效果的 PA 字样的防晒剂，是有效阻止紫外线对皮肤伤害的好办法。

SPF 是测量防晒品对阳光中紫外线 UVB 的防御能力的检测指数。如，一个未涂抹防晒品的人在阳光下 30 分钟后皮肤就出现了红斑，而涂抹防晒品后照射阳光 5 小时才出现红斑，这就说明使用该防晒品后，安全日晒时间增加了 10 倍。这时，我们就说该防晒品的紫外线屏蔽效果是 10 倍，数字 10 便成了该产品的防晒指数。换句话说，防晒化妆品的防晒系数 SPF 就是指涂抹防晒品后安全日晒时间比不涂抹时增加的倍数。

肤色稍白的人只要在阳光下晒 30 分钟，第二天皮肤就会出现轻微的晒伤——红斑。假设这些人从早上 8 点到晚上 6 点，10 个小时不间断地进行海水浴而又不想皮肤出红斑的话，应该涂抹防晒系数为多少的防晒霜呢？ 10 小时除以 30 分钟，等于 20，那么，从理论上讲，只要涂抹防晒系数是 20 的防晒品就可以了。

但实际上，人们涂抹防晒品时涂抹的量不足的情况较多，所以使用 SPF 30 ~ 40 的防晒品就比较安全了。

表示屏蔽紫外线 A 效果的 PA 指数不使用数字，通常都是用 PA+、PA++、PA+++ 来表示的。在前面提过，紫外线 A 引起皮肤灼伤的可能性是紫外线 B 的千分之一左右。因此，紫外线 A 引发皮肤红斑需要很长的时间，所以红斑症检测屏蔽紫外线 A 的效果是很困难的。于是，防晒品对紫外线 A 的屏蔽效果可以根据它能够预防皮肤晒黑的程度来判定。商品包装上标出的 +、++、+++ 就是该产品的预防效果，+ 越多，UVA 屏蔽效果越好。PA+ 表示"有屏蔽效果"，PA++ 表示"屏蔽效果比较好"，PA +++ 表示"屏蔽效果非常好"。总而言之，选用标示 SPF30 以上及 PA+++ 的防晒品就没有问题了。

但更重要的是即便涂抹了防晒品，但因防晒品过些时间就会失去功效，所以每隔 3 ~ 4 个小时需补抹才能使其正常发挥功效。

前面说过人这一生所接受的紫外线照射总量的三分之一是在 18 岁以前。所以父母在外出时不要只顾自己涂抹防晒品，一定要记得也给孩子使用。等孩子稍大些，就要帮助他们养成自己涂抹防晒品的习惯。这样才能长久维持健康靓丽的皮肤。

另外，防晒品不要只在进行户外活动时涂抹，要养成平时也使用防晒品的习惯。我们的皮肤在上下班或外出等日常生活中随时都会受紫外线照射，多云或者下雨天，紫外线A照样会辐射到我们的皮肤。不要忘记只要很好地躲避阳光照射，就可预防百分之七八十的皮肤老化现象。

因人体所需的90%的维生素D是通过皮肤接受紫外线照射而产生的，所以，也有人反对长时间使用防晒品。使用防晒品会减少维生素D的合成。但是，即便是涂抹防晒霜，也无法保证我们的身体百分之百不受紫外线辐射，所以，并不影响每天合成必需的维生素D。只需维持正常的在日常生活中受紫外线照射的程度，我们的皮肤也足以合成每天所需的维生素D。只要脸部、双手、双臂日晒最低红斑剂量的三分之一至二分之一就可以合成每日身体所需的维生素D，而这种程度的照射，我们在日常生活中是很容易达到的。所以，不用担心因为使用防晒品会造成维生素D合成不足。如果觉得自己的身体缺乏维生素D，不必刻意去照射阳光，通过服用营养剂来补充会更好。

保护角质层

很多人每周都去一次澡堂泡澡，并用搓澡巾搓澡。用粘胶人造丝制成的粗糙的布块用力搓洗全身后还发出感慨：好舒服啊！还有很多女性不厌其烦地每周使用两次去角质剂护理脸部皮肤，认为这样做不仅肤色变得靓丽了，还使皮肤富有弹性且提高了吸收化妆品的能力。

但是，很多人认为对皮肤健康有利的类似这样的做法其实是很危险的。搓澡、去角质等是通过外部的有害刺激损伤我们身体保护膜的行为，这就像军人卸下军事装备奔赴战场一样，是非常危险的。

*****   **角质层——我的爱**

想让自己的皮肤保持靓丽的人必须记住一句话："我的爱，角质层！"反复强调的话，角质层是保护我们皮肤维持健康和青春的重要的最前方保护膜。

如果去掉了保护膜，外部的细菌很容易入侵我们的身体，而且皮肤中的水分会大量流失，导致皮肤越来越干燥。刚洗完澡或者去除脸上的角质后，会觉得皮肤表面光滑、湿润，但这只是一种错觉。去掉角质层的皮肤会越来越干燥，会引发炎症，会因各种老化症状的呈现而变得脆弱。

现为皮肤科医生的我在上大学时通过皮肤科学课程的学习，知道了搓澡会伤害皮肤。从那时起至今 30 年来，我就没再搓过澡。当我把这件事说给患者听，并嘱咐他们不要搓澡，他们都会有类似的反应。

"哎呀，多脏啊！"

"怎么可能不搓灰呢？那得多难受啊……"

但是，当我们用搓澡巾用力搓皮肤的时候，被搓下来的并不是灰，而是皮肤的角质层。洗澡时先不要盲目地用搓澡巾搓洗皮肤，先用香皂冲洗后再搓搓看。你会发现搓出来东西并不是黑色，而是白色。所以，请大家一定要记住：我们认为的灰尘、污垢用香皂就能冲洗干净，搓澡巾搓下来的是我们皮肤的保护层——角质层。

***** 一直以来，我们搓洗掉的并不是污垢

角质层位于表皮的最外层，是由死亡细胞的细胞膜和填充在有形结构之间的空隙内的脂质构成。因为角质层内部的黏附力极弱，所以拿布轻轻一搓也会掉落一大片。角质层脱落就等于皮肤失去了最重要的保护层，所以搓澡是损伤皮肤保护膜的危险行为。

习惯于一周搓澡一次的人，因除掉了角质层，皮肤会越来越干燥。而干燥的皮肤容易引发瘙痒症，会让人不知不觉去抓挠自己的皮肤。而抓挠皮肤又会引发炎症，会引起更严重的瘙痒症。如此恶性循环，大多数人以为得了皮肤病，不得不去皮肤科就诊。面对这样的患者，如果我说是因为搓澡导致的皮肤病，那么，他们几乎都会一脸惊讶地辩解怎么可能不搓澡。

搓澡的习惯一定要改。小时候我也认为必须要搓澡。记得小时候跟妈妈去洗澡，进了浴池，妈妈把我按进热水池中告诉我 15 分钟之内不许出来，之后拿毛巾用力给我搓澡，一边搓还一边说："看这灰，多脏啊！" 这样浑身

搓个遍还不算完，妈妈又把我按进热水池里泡5分钟，然后再次给我搓，嘴里还唠叨着："你看！还有灰呢。"

后来长大了，可以自己洗澡了，我也习惯性地认真搓着澡。在热水池里流着汗泡上一个多小时，洗完澡就感觉浑身无力。

但是进入医大之后，了解到搓澡有害皮肤健康的事实之后便开始改变了习惯。现在，我不在热水池中长时间浸泡身体，也不搓澡了。冲澡时先用香皂泡沫擦洗全身，然后用温水冲干净，5分钟结束冲澡。

经常搓澡的人一旦停止搓澡，皮肤表面就会起一层白皮，但这不是灰，是厚厚的角质堆积在皮肤表面的结果。如果涂抹保湿剂给皮肤补充一定的水分，增加皮肤湿度，过一段时间，角质层将会恢复原来的模样，皮肤也会变得光滑、湿润的。

搓澡时皮肤发生的变化

"搓澡不利于皮肤健康，请不要搓澡。"很多人对这样的劝告充耳不闻。因为人们固有的"大家都在这样做，没必要大惊小怪"的惯性思维很难改变。如果各位读者曾经也是这样的想法，而如今打算在改变这种习惯之前先了解一下这样做的科学依据的话，下面的说明应该会有所帮助的。下面，我将一一说明搓澡时皮肤出现的变化，这是我们研究所通过实验发现的事实。

我们研究所的4名学生每周一去同一个洗浴中心，请同一位搓澡工搓澡后回到实验室，开始观察记录搓澡后1小时、3小时、6小时、24小时、3天、7天后皮肤呈现的各种状态。右臂和右腿是每周搓一次澡，共搓了4周；左臂和左腿一次都没有搓澡。因为只有这样的对比观察，才可以正解了解搓澡对皮肤的影响。

第一，皮肤变得干燥，弹性减弱

搓澡前和搓澡后，皮肤的厚度会有什么变化呢？用超声波测量仪分别测量搓澡前后皮肤表皮的厚度可以进行比较。

参加实验的学生们搓澡之前表皮厚度为平均0.18mm，但是搓澡后表皮厚度薄了0.02～0.03mm，按比例计算的话，搓澡后损失了11%～17%的角质层。

那么水分含量又会是怎样呢？

皮肤需要有吸水能力才能保持滋润且有弹性。用特殊仪器测量搓澡前后皮肤中水分的含量，发现搓澡部位皮肤水分的含量比搓澡之前减少了10%。

皮肤弹性的变化也用特殊仪器进行了测量。皮肤弹力度测量是用一定力度拉动皮肤后突然松开，然后检测皮肤复原的速度。测量结果发现搓澡部位的皮肤弹力度比没有搓澡部位的皮肤弹力度一过性减弱20%。

由此可见，搓澡不仅会让角质层变薄，也会导致皮肤因水分流失而变得干燥、弹性减弱。

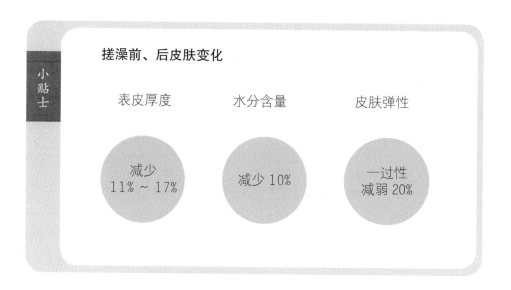

小贴士

搓澡前、后皮肤变化

表皮厚度　　　　　水分含量　　　　　皮肤弹性

减少
11%～17%　　　　减少10%　　　　一过性
减弱20%

第二，皮肤的 pH 呈碱性

皮肤的酸碱度从多方面影响着皮肤功能的正常发挥。皮肤呈弱酸性，正常皮肤表面的pH一般为 4.5 ~ 5.0。但是搓澡之后皮肤的酸碱度会偏高，呈碱性。皮肤的酸碱度变高主要会引发两个问题。

第一，会减少形成角质层必要的酶的活性。活着的角质形成细胞死亡后想要形成角质层，需要如丝氨酸蛋白酶、半胱天冬酶 14 等多种分解蛋白质的酶起作用。可是，这些酶虽然在酸碱度正常时可以发挥各自的作用，但是酸碱度一旦增高，它们就无法正常发挥作用。搓澡已造成角质层损伤，可因皮肤酸碱度变高，角质层却无法立即再生，这样一来，皮肤的屏障受损伤的状态就会持续很久。

其次，皮肤的酸碱度变高会引发参与脂质合成的酶的活性降低。正如前面所说，角质层是由死亡的细胞膜和填充空隙的脂质构成的。构成角质层的脂质主要有三种，分别是神经酰胺、胆固醇、脂肪酸，其中，神经酰胺最为重要。神经酰胺是由鞘磷脂的分解酶——鞘磷脂酶（sphingomyelinase）构成。这个酶在 pH 呈酸性的环境中活性最高，但是在碱性环境中活性会降低。因搓澡皮肤呈碱性，所以搓澡后，在皮肤中无法充分合成填充角质层的脂质成分神经酰胺。

简单说明就是：搓澡后，皮肤的酸碱度会变高，即呈碱性，这会导致角质层无法正常形成，神经酰胺的形成也不够充分，所以皮肤弹性和光泽度都会降低，皮肤的保护功能也随之减弱。

第三，引发湿疹，皮肤老化

对于可能会受到的各种损伤，我们的身体已做好了自愈的准备。皮肤也一样。角质层受损的时候，皮肤细胞会分泌各种物质帮助角质层再生。因为角质层是由死亡的角质形成细胞形成的，所以若使受损的角质层再生，就需要更多的角质形成细胞。因此，皮肤细胞会分泌各种物质来促进角质形成细胞的成长。

搓澡后角质层的厚度会减少 0.02 ~ 0.03mm，这时，角质形成细胞会分泌细胞因子。细胞因子会促进角质形成细胞成长，搓澡 2 ~ 3 天之后表皮会变厚些，过了 4 周，厚度会增加 15% 左右。像这样，细胞因子发挥着促进角质形成细胞生长、促使角质层快速再生的功能。

但是这些细胞因子也有让皮肤发生炎症的副作用。细胞因子分泌过多，会导致炎症细胞聚集在其附近引发炎症。皮肤炎症又称湿疹。平时经常搓澡或者搓澡时过于用力的人，易患皮肤发红、瘙痒的刺激性湿疹或干燥性湿疹等皮肤疾病。

皮肤老化现象的发生是皮肤受损状况长期累积的结果。每一次搓澡都会给皮肤带来小损伤，而搓澡一旦成了习惯，那么，这种小损伤便会日积月累，给皮肤带来大的损伤。要记住：像湿疹这样的皮肤病和皮肤老化现象，都是因皮肤长期受损所致。

第四，失去抗菌能力

皮肤自带抗菌物质，皮肤中的抗菌物质能够杀死侵入皮肤的病原菌。为了即刻杀死入侵的病原菌，皮肤早已把抗菌物质布阵于表皮外层。角质层位于抗菌物质浓度最高的部位，越往表皮下层，抗菌物质的浓度也将越低。因为细菌是从外部环境侵入皮肤，所以抗菌物质更多地存在于表皮外层是合乎情理的。

皮肤中的抗菌物质最广为人知的有两种，即防御素（defensin）和抗菌肽（cathelicidin）。但是，因搓澡太重损失了角质层，存在于角质层中的这两种抗菌物质也会一起消失。所以，经常搓澡的人患毛囊炎、疖肿等细菌性皮肤病的危险性会增加。

这种现象也出现在学生们进行的实验中。通过观察、比较，我们发现搓澡部位的细菌数量远多于未搓澡部位。可以推测，搓澡时因角质层与存在于角质层中的抗菌物质被一同搓掉，给细菌生长提供了有利条件。搓澡的目的是为了清洁皮肤，可结果却是为细菌提供了更有利的增殖环境。

面部角质，越清除皮肤越老化

很多女性认为面部皮肤的角质层会妨碍皮肤健康与美容，所以会购买市面上销售的去角质剂或亲自动手配制去角质面膜涂于面部，感觉这样清洁的面部皮肤变得光滑了，上妆效果也更好了。可是，每星期都要反复这个过程——先把毛巾浸泡在热水中，然后拧干敷在脸上，待毛巾变凉拿掉，将去角质剂涂于面部，稍后洗净面部——不免觉得有些麻烦。可是，这种努力和辛苦真的会带来所期望的结果吗？每周使用两次去角质剂，脸色真的能变好、皮肤真的会变美吗？

事与愿违，答案是否定的。下面，我将以我们研究所得出的实验结果为依据加以说明。

每周一，被测试者左脸不使用去角质剂、右脸使用去角质剂进行对比实验，对被测试者两边的皮肤状态观察 4 周，发现去角质那一边的皮肤变化与使用毛巾搓澡后发生的变化一样，出现了因失去水分皮肤变得干燥、弹性减弱、酸碱度增高的现象。

让人们如此信服的"要定期去除脸上的角质"这一美容概念不知源于何处。也许是化妆品公司出于商业目的的宣传、部分美容师的无知以及不辨真伪、人云亦云的人们的盲从心理相结合的产物吧。

想要健康光滑的皮肤，需要付出更多治本的努力，避开对皮肤有害的物质，日常生活中保持情绪稳定，消除压力。接受有利于皮肤的物质或方法，还原健康皮肤就是这样。立即停止每周定期去除角质的做法吧，因为角质不是要清除的对象，而是要守护的保护膜。

热能导致皮肤老化

在日常生活中，强制去除角质的时候通常是伴着高温环境。去角质后，洗热水澡或往面部敷热毛巾后去角质等，都直接或间接地利用了高温的热能。那么，只是想到名称就能感觉到热能的桑拿浴或汗蒸房会怎样呢？在寒冷的天气里或身体感觉疲劳时，韩国人非常喜欢洗桑拿，在汗蒸房流汗，在烫人的高温水池里浸泡。他们认为这样会赶走全身的疲劳而使身体变得清爽，洗去身上的污垢而使皮肤变得光滑。

*****
不要在桑拿浴、汗蒸房长时间停留

浴池里的水温一般是 42 ~ 45℃，而汗蒸房内的温度更高，通常是 50 ~ 90℃。非常惊讶人们在这样的高温中居然还能长时间停留。有些人甚至围坐在红红的火炉旁，看谁能挺到最后。作为我们研究所实验课题相关数据的采集参考，我们曾去测量过在汗蒸房里蒸汗的人们的皮肤温度，发现他们在正常情况下为 31 ~ 32℃的皮肤温度已超过 40℃，达到了 42℃。

在桑拿浴室和汗蒸房长时间逗留的做法是导致皮肤老化的危险行为。很多研究结果表明，对皮肤施加热能刺激会使皮肤变得非常脆弱，不仅会诱发皮肤热老化现象，也会使紫外线照射造成的光老化症状更加恶化，还会加速皮肤的自然老化进程。

当然，适当的洗浴能促进血液循环，缓解疲劳，缓解运动后的肌肉疼痛，但皮肤温度的升高也会让皮肤提前老化。

有一次，在八点的电视新闻中播报了"首尔大学皮肤科郑振镐教授团队公布了用热水洗浴会诱发皮肤老化的研究结果"。我多年来潜心研究关于皮肤老化方面的问题，并把研究结果公之于众，就是为了告诉人们正确的保护皮肤健康、美丽的方法，但是从新闻报道的第二天起，我却接到了无数来自洗浴中心、汗蒸房等商家的抗议电话，甚至还接到了警告我不要再发表类似的研究结果的恐吓电话。

尽管如此，热刺激会引起皮肤损伤、诱发皮肤老化的事实却越来越广泛地被人们所接受，与此课题相关的后续研究工作也在世界各地紧锣密鼓地进行中。

*****注意皮肤的热刺激

不赞同高温会导致皮肤老化这一研究结果的人不仅有洗浴中心和汗蒸房的业主，还有皮肤科医生。

皮肤病医院有一种叫热玛吉的微整形疗法，是一种利用约50℃的热能改善皮肤皱纹的微整形手术。这种方法的原理是：对皮肤施以高温致皮肤受轻微损伤，促使皮肤细胞为了修复这一损伤而大量合成胶原蛋白。也许有人曾体验过受轻微烫伤部位的皮肤看起来比周边的皮肤细嫩、丰润，就像新生的皮肤一样，这就是皮肤在受到热刺激后通过合成更多的胶原蛋白来修复受损皮肤的现象。

皮肤科医生利用皮肤的这一特性应用热玛吉方法进行了微整形手术，但是接受过热玛吉治疗的患者看到新闻后纷纷打电话质问医生这种方法是不是诱发她皮肤老化了。于是，医生们就给我打电话，对我公开发表研究结果的做法表示抗议。

长期以来研究热老化现象的我，并非主张热玛吉微整形术绝对危险。但是，热玛吉微整形术的效果和作用至今尚不明确是事实，特别是对反复接受这种整形术会对皮肤造成什么样的影响这一课题尚未进行临床试验，因此也无任何与之相关的临床试验结果可参考。

如今，为了保持皮肤健康美丽，不仅是女性，男性也常常光顾皮肤科。作为自我管理的一环，我充分理解大家想保养好皮肤、展示健康美好的外貌的意愿。但是，抱着一步到位的想法把所有希望寄托在皮肤科微整形手术上的做法是不可取的。刺激皮肤的所有手术都会伴有副作用，皮肤的再生速度也因人而异，所以，考虑接受皮肤科手术治疗时，一定要小心谨慎。

健康皮肤的秘密

用化妆品可以
阻止皮肤老化吗

科学研究皮肤需要掌握许多技术。首先需要掌握制作可供显微镜观察的皮肤组织的技术。通过设计实验、修剪皮肤组织、使用各种物质进行观察的这项技术，需要具有精巧细腻的手法和深入细致的观察。

维持年轻皮肤需要哪些物质成分也是通过这种技术手段所揭示的。我们的身体虽然必定要经历自然老化的过程，但是，在生活过程中所要经历的来自外界的各种刺激也会导致我们身体老化。包裹我们身体的皮肤是与外界环境直接接触的器官，所以更容易受到外部环境的刺激。

20 世纪以来，随着科学技术的快速发展，皮肤科学也从多角度、多方面挖掘着人类皮肤老化的原因与机制。如揭示"皮肤细胞发生了怎样的病理变化才导致皮肤老化"这一课题的研究成果，是皮肤科学研究人员经长时间的潜心研究才得出的，"特殊物质可延缓老化"这一结论也是这个课题研究成果中的一个。在这个章节里，我们就来了解一下哪些物质可以还皮肤年轻态吧。

***** **Retinol 可减少皱纹**

Retinol（视黄醇）这个名字在抗皱减皱化妆品领域应是广为人知的。虽然 Retinol 为化学名称，但即使是平时对化学和美容方面不太关心的女性，估计也至少听说过一次。20 世纪 90 年代，韩国著名的化妆品公司曾推出过以 Retinol 为商标的改善皮肤皱纹的化妆品。

作为维生素 A 的化学名称，也被称为完整的维生素 A 分子的 Retinol，在帮助表皮细胞维持原有的功能方面起着重要的作用。20 世纪 90 年代，人们就已发现 Retinol 具有促进皮肤细胞分化、促进胶原蛋白及弹力蛋白的合成、减少皮肤皱纹、提高皮肤弹性等功能。

1993 年，当美国科学家写论文发表 Retinol 可减少皮肤皱纹的研究成果后，美国的各大媒体大肆宣传报道称发现了"让人变得年轻的泉水"。20 世纪 90 年代末，世界各大化妆品公司争相推出含有 Retinol 的化妆品，开始了市场争夺战。在韩国，只是 2000 年这一年，就有 3 个外资公司和十余家韩国公司推出的含有 Retinol 的化妆品，并展开了激烈的市场竞争。

有一种叫作类维生素 A 的物质，它是 Retinol 和其诱导体（诱导体是指使某种化合物的一部分发生化学反应后所得到的类似的化合物）的总称。最具有代表性的维生素 A 诱导体是 Retinoic acid（视黄酸）。Retinoic acid 是美国食品药品管理局(FDA)唯一许可销售的可涂抹治疗皱纹的抗皱药物。那么，只要在脸上涂抹 Retinoic acid，我们就能够把抑制老化的美梦变成现实吗？

令人遗憾的是 Retinoic acid 也有副作用。如果涂抹浓度超过 0.01% 的 Retinoic acid，就会出现面部皮肤先是脱屑，继而发红、灼痛的症状。虽然这样的副作用是一过性的，停止使用后几天内症状就会消失，但由于上述副作用，这类药物目前还不能广泛应用，即便是应用也只限于低浓度使用。

1997 ~ 1999 年，我在美国密歇根大学皮肤科学教研室研修。密歇根大学皮肤科学教研室因研究并发表了有关 Retinol 功效的论文而受到业界的关注。波尔西教授是皮肤科学教研室的科长，从 35 岁开始担任科长引领皮肤科，现已 70 多岁。波尔西教授没有止步于首次验证得出 Retinoic acid 可以改善皮肤皱纹这一结果，而是亲自使用 Retinoic acid 来进一步验证其功效。也许是因为这个缘故，他的面部几乎没有皱纹。

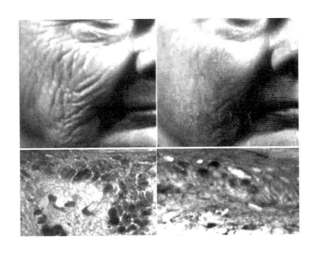

图6　Retinoic acid 改善皮肤皱纹的效果
在面部涂抹 Retinoic acid 9 个月后皱纹明显减少，同时可以看到胶原蛋白的合成增加
（照片由美国密歇根医科大学波尔西教授提供）

　　在皮肤上涂抹 Retinoic acid 能使合成胶原蛋白的纤维组织母细胞数目增多。纤维组织母细胞中合成的新生胶原蛋白在表皮和真皮的交界处聚集，并在这里形成胶原纤维。其结果是使受损的真皮得以再生，皮肤皱纹也得到改善（图6）。

　　但是，正如前面所说，如果过度使用浓度较高的 Retinoic acid 可产生不良反应，特别是会产生皮肤发红、灼热等炎症反应。受 Retinoic acid 刺激的皮肤会聚集炎症细胞，炎症细胞分泌各种酶，其中包括分解胶原蛋白的基质金属蛋白 MMP。即使 Retinoic acid 能够合成较多的胶原蛋白，可是一旦皮肤炎症反应严重，就会使新合成的胶原蛋白立刻被 MMP 酶分解掉，从而无法聚集在皮肤表皮和真皮交界处，也无法被用来合成胶原纤维。所以，在使用 Retinoic acid 时，应注意防止皮肤因受刺激而产生炎症反应，以适当的浓度及时间间隔涂抹，才能收到预期的效果。因我的皮肤较为敏感，所以每周涂抹两次浓度为 0.025% 的 Retinoic acid。

Retinoic acid 不仅对改善已经形成的皱纹有一定的效果，还可以预防皱纹的形成。如果从年轻时起每周使用两次 Retinoic acid，即可预防在日常生活中因受紫外线照射而形成的皱纹。每天早晨出行之前认真使用防晒剂，每周有两个晚上使用 Retinoic acid，可使因受紫外线照射而损伤的皮肤再生。因 Retinoic acid 受阳光照射后化学结构会发生改变，所以适合在晚上睡前涂抹。

Retinoic acid 要由医生开处方才可到药店购买。因 Retinoic acid 归为医药品类，所以无法作为化妆品原料使用。所以，改善皮肤皱纹的化妆品成分中包含的不是 Retinoic acid，而是 Retinol，即维生素 A。Retinol 被细胞吸收以后可迅速转换成 Retinoic acid，调节细胞的功能，所以效果与外涂 Retinoic acid 是一样的。但是，因 Retinol 和 Retinoic acid 在生物学效应方面具有较大差异，所以，如果把 Retinol 当作 1 的话，那么 Retinoic acid 则为 10，即 0.1% 的 Retinol 和 0.01% 的 Retinoic acid，效果是相同的。

韩国生产的改善皮肤皱纹的化妆品中大部分含有 Retinol。Retinol 与 Retinoic acid 一样，使用浓度高就会对皮肤产生刺激。如果使用化妆品后皮肤表面出现脱屑或有刺激反应，那么这种化妆品的销售情况肯定不会好的。所以，在化妆品中使用 Retinol 时，会将 Retinol 的浓度控制在不会刺激皮肤的较低程度。但是，如果化妆品中所含 Retinol 的浓度低到不会引发皮肤刺激反应的程度，那么，对这种化妆品的抗皱减皱功效也就不必抱有什么期望了。

Retinoic acid 不仅具有再生皮肤的胶原纤维和弹力纤维的功效，而且还能够减少黑色素。皮肤受紫外线照射的 2 ~ 3 天后，因黑色素细胞的数量增多而使肤色变深。但是如果在受紫外线照射之前涂抹 Retinoic acid，黑色素细胞的数量不会增加那么多。持续使用 Retinoic acid 可防止裸露在阳光下的皮肤肤色变暗，已经变暗的皮肤颜色也会变浅。同时，Retinoic acid 也具有减少老年斑、雀斑等色素性斑点的黑色素的效果。

Retinoic acid 和 Retinol 都是很好的具有抑制皮肤老化作用的物质。目前，在世界各国出售的用来改善皮肤皱纹的化妆品中几乎都含有 Retinol 成分。但是，在选购 Retinoic acid 或 Retinol 制品之前，必须要记住：一定要放弃"这么好的东西，一早一晚我要充分涂抹"这样的想法。实验观察结果，浓度超过 0.01% 的 Retinoic acid 和浓度超过 0.1% 的 Retinol 会对皮肤产生严重刺激，引发皮肤炎症。如果发生这样的炎症反应，那么，这种产品不仅无法抑制皮肤老化，反而可能会促进老化。

通过充分的基础研究，或开发出能够去除 Retinoic acid 中对皮肤有刺激作用的物质，或研发出比 Retinoic acid 效果好且对皮肤无任何刺激的物质，那么，这些物质必将包揽全球化妆品市场。

***** 绿茶中的活性成分 EGCG：可恢复弹性

作为中国的主要茶类之一，绿茶在中国有着数千年的栽培和饮用历史。韩国人也非常注重茶道，早已开始享受着精心沏茶并品鉴茶的色、香、味这个过程。已渗透到大众日常生活中的茶文化，早已超越了普通的饮品范畴，升华为能够使人安神静气的独具特色的教化功能。

现代人的饮食生活被糖分和毒性脂肪充斥着，绿茶可使排解这些物质对身体的危害。绿茶中的哪些成分在起着这样的作用呢？绿茶叶中含有咖啡因、多酚等多种植物性化学物质。绿茶的这种功效来自茶叶中所含的多酚类的一种，叫儿茶素。绿茶的儿茶素有点发涩，具有抗菌、抗病毒、抗氧化作用。当茶树受到病原体、害虫攻击时会分泌各种多酚类及多酚的诱导体，儿茶素可以看作是茶树自我防御的"化学炸弹"。受到外部一定强度的刺激时抵抗力就会增强，这一点，植物与人类也许是相同的。

绿茶中所含的与我们皮肤相关的物质是构成儿茶素的物质之一，EGCG 的中文名称为表没食子儿茶素没食子酸酯。经动物实验发现，EGCG 具有抑制癌细胞生长的作用。给动物体内注入致癌物质使其生成各种肿瘤，然后注入了

EGCG，发现 EGCG 抑制了肿瘤生长。但是，这并不说明我们人类所畏惧的癌症已被克服，因为这仅仅是动物实验结果，若想把这种方法用于人体疾病的治疗，尚需进一步的研究。

但不能否认 EGCG 有效果。其卓越的 EGCG 效果体现在皮肤上，我们研究所召集志愿者在一侧皮肤上涂抹浓度为 10% 的 EGCG 溶液后，与另一侧未涂抹 EGCG 溶液的皮肤一起照射 2MED 紫外线（通常情况下皮肤照射 2MED 的紫外线，第二天会出现红斑），第二天观察到两侧皮肤组织变化情况如下。

第一，涂抹 EGCG 溶液部位皮肤的灼伤程度比未涂抹部位轻。第二，涂抹 EGCG 溶液部位 DNA 损伤更少。第三，涂抹 EGCG 溶液部位肤色变暗现象少、皮肤色素沉着现象的程度更轻。第四，涂抹 EGCG 溶液部位皮肤承担免疫功能的朗格汉斯细胞减少程度更低。

EGCG 溶液可有效预防由紫外线照射造成的各种皮肤损伤，持续使用，对维持皮肤健康、年轻会非常有益。

既然 EGCG 的预防效果如此卓越，那么对早已老化的皮肤，即因长期受紫外线照射而受损的皮肤也会有效果吗？如果试验结果显示 EGCG 溶液不仅可以预防皮肤老化，还具有明显的治疗作用，对我们来说应该是最好的消息了。

我们研究所对 70 岁以上的女性和男性进行了这样的试验：在他们的皮肤上涂抹 EGCG 溶液后，检测皮肤组织的外观变化。结果发现因皮肤组织的变化，皮肤内胶原蛋白的合成增加，MMP 酶的形成减少。在前面介绍了过多的 MMP 酶可使真皮内胶原蛋白分解增多。而涂抹 EGCG 溶液后，因皮肤中 MMP 酶的形成被抑制，真皮内胶原蛋白的合成增加了。同时，黑色素细胞合成黑色素的量也减少了。皮肤组织发生的上述变化使皮肤的外观也发生了很大的改变：皱纹减少了、肤色提亮了，色素沉着也得到了抑制。试验结果就是：因为涂抹 EGCG 溶液，皮肤老化得到了抑制，皮肤变得更加年轻了。

但是，EGCG 的应用有一个缺陷，因为 EGCG 具有在空气中容易变质的化学性质，所以很难应用于化妆品原料或药剂。我们实验室经试验得出的 EGCG

的效果都是在临试验前把 EGCG 配制成溶液涂抹皮肤后观察得出的。所以，如果要把 EGCG 作为化妆品原料或保健品原料使用，需要先研发能够使 EGCG 的性质稳定的技术方法。

最近，把 EGCG 注入纳米颗粒中或放入容器中另行保存以保持其稳定性的包装产品陆续问世，供人们在使用前将 EGCG 与化妆品混合涂抹于脸部。随着科技的发展，一定会推出更加便于人们使用的 EGCG 产品的。

在日常生活中时常饮用绿茶，摄取绿茶中含有的抗氧化成分，对抗老化也有一定帮助。因此绿茶是我在实验室里每天必喝的饮品。

*****
抗炎物质：
抑制皮肤炎症，预防皱纹的形成

在前面已介绍过，所有引发皮肤炎症的刺激均可导致皮肤老化。所以，如果想预防皮肤老化，我们必须最大限度地减少导致皮肤产生炎症的因素。在日常生活中不涂抹防晒剂且长时间照射紫外线，在热水中长时间浸泡等，都会对皮肤有刺激。这样的刺激都有可能引起皮肤产生炎症，所以要尽量避免。同样，为达到抗皱纹目的而涂抹 Retinol 的时候，也要注意调整好浓度和次数，尽量减少对皮肤的刺激。当决定去皮肤科接受激光治疗时，建议只有在确定激光治疗效果优于由此导致皮肤发生炎症而带来的损伤时再进行。

与最大限度地避免诱发皮肤炎症的刺激同样重要的是，皮肤出现炎症时要尽快进行消炎治疗。

几年前，某电视节目介绍了脸上长期涂抹 Moolpas 的老奶奶。"Moolpas"其实是一种商标名，是液态的药膏，是涂抹在皮肤上有清凉感的消炎镇痛药。这位老奶奶说她每天洗脸后就涂抹这种药。也许是这个原因吧，老奶奶的脸上真的没有皱纹。

皮肤的炎症反应与一种叫 COX-2 的酶相关，"Moolpas"中含有抑制炎症反应的物质，当然包括抑制 COX-2 的成分。我推测这位奶奶涂抹的这种药水抑制了受紫外线照射而产生的皮肤炎症，从而达到了抗皱效果。但并不是说谁用了"Moolpas"都可以防皱抗皱。"Moolpas"是药品，应按目的使用。这个奶奶的情况应是特殊的案例。

这里我想告诉大家的是抗炎药物有抑制皮肤老化的效果。为防止皮肤老化，应避免皮肤发生炎症反应；如果发生炎症反应，应尽早治疗。

COX-2 是诱发炎症的酶，是今后在研发防止老化的化妆品时需要寻找的重要成分之一。如果能够在天然物质中提取抑制 COX-2 的成分，将会广泛地应用于抗衰老产品的制作中。

***** **抗氧化物质：去除活性氧**

氧气是人类维持生命所必需的物质。当我们呼吸时吸入体内的氧气会把营养成分转换为能量供应到全身。虽然氧气对我们如此重要，但并不是所有的氧气都有益于我们的身体，还存在着对我们人体有害的氧气——活性氧。

活性氧是指会对细胞造成伤害的所有的氧气的同素异形体。比较具有代表性的活性氧有过氧化氢、超氧离子、羟基自由基等。

人体内的活性氧是由环境污染、化学物质、紫外线、血液循环障碍、压力等原因导致氧气生产过剩的产物。因生产过剩而形成的活性氧在人体内会发生氧化作用，导致细胞膜、DNA 以及其他所有的细胞结构受损，并根据受损范围不同致使细胞失去功能或改变性质。其结果是因生理功能下降而出现各种疾病和老化现象。

要了解活性氧在人体内是如何引起氧化损伤的，首先要理解氧化还原反应。氧化反应是指分子失去电子的反应。氧化损伤是指外界刺激导致构成蛋白质、脂质、DNA 等的分子失去电子的损伤。构成细胞的蛋白质、脂质、DNA 等一旦失去电子就无法正常发挥其功能，而这样的受损现象若因反复而累积，就会导致老化和癌变。

我们体内存在着去除活性氧的活性酶，最具代表性的活性酶有超氧化物歧化酶、过氧化氢酶、谷胱甘肽过氧化物酶、谷胱甘肽还原酶。一旦体内生成活性氧，就立刻被这些酶清除掉。

可是细胞老化时，去除活性氧的抗氧化酶和抗氧化成分也会减少。很多实验证明随着年龄的增长，体内抗氧化酶的活性也随之减弱。那么，即便是受到同样的氧化损伤而生成了活性氧，在老化的皮肤组织中，因活性氧不能有效地被清除而使损伤更加严重。

我们实验室研究结果显示，自然老化的皮肤与年轻的皮肤相比较，抗氧化酶过氧化氢酶的活性减少 30%，而且同一人的皮肤中光老化部位比自然老化部位的过氧化氢酶的活性减少 20%，但是，其他抗氧化酶如超氧化物歧化酶、谷胱甘肽过氧化物酶、谷胱甘肽还原酶等的活性，在自然老化的皮肤及光老化皮肤中，与年轻的皮肤无明显差异。

既然在老化的皮肤中只有过氧化氢酶的活性减少，那么把过氧化氢酶直接涂抹在老人的皮肤上是不是会有抑制老化的效果呢？

物质通过皮肤的角质层被皮肤吸收不是件容易的事情。物质若想被皮肤吸收，需要满足以下两个条件：第一，大小应小于 500Da（道尔顿）。道尔顿是用来衡量原子或分子质量的单位，超过 500Da 的物质不能被皮肤吸收；第二，要溶于油脂，皮肤角质层由死亡细胞和填满空隙的脂质成分构成，所以只有能溶于油脂的物质才能通过皮肤。

非常遗憾的是过氧化氢酶的大小不仅无法通过皮肤，而且是不溶于油脂的水溶性物质。所以，把过氧化氢酶直接涂于面部无法被皮肤吸收，无法达到预期的效果。而且因过氧化氢酶是蛋白质，不仅受热容易改变性质，而且发生一次酶反应后就会失去活性，功效无法维持长久。因此，在日常生活中无法应用将过氧化氢酶直接涂抹于皮肤的方法。

那么，还有没有其他方法呢？有——涂抹可以增加过氧化氢酶的合成的天然物质。通过实验，我们已在天然植物提取物中发现了涂抹于皮肤就能使皮肤细胞中过氧化氢酶的合成增加的物质。现在，为了确认这些物质的临床效果而正在进行认真研究中。

防止活性氧损伤的另一种方法是通过调节饮食，摄取大量抗氧化成分。最有代表性的三种抗氧化成分分别是维生素 C、维生素 E、谷胱甘肽。一旦活性氧生成，这些物质会率先氧化，以防止构成细胞的重要成分被氧化。被氧化的维生素 C、维生素 E、谷胱甘肽会重新还原再利用。吃富含维生素 C、维生素 E、谷胱甘肽的蔬菜和水果，会增加这些成分在组织中的含量，可以防止活性氧的危害。

***** 有益的脂质成分：抑制皮肤老化

皮肤的角质层是由死亡细胞的细胞膜和填充间隙的脂质成分构成。脂质成分中，除含有所占比例大致相同的胆固醇、神经酰胺、脂肪酸以外，还有磷脂。磷脂是组成细胞膜的主要成分，在细胞行使功能时起着重要的作用。上述四种脂质起着防止皮肤中的水分蒸发和维持皮肤发挥正常功能的作用。

比较观察年轻的皮肤和老化皮肤会发现上述脂质成分的状态存在着差异。若要抑制皮肤老化，需帮助有益脂质成分正常发挥功能。

第一，胆固醇可以预防皮肤老化

胆固醇是被误解为对人体有害的一种成分。因为血液中胆固醇含量高会引起心脏病、动脉硬化等心血管系统疾病的说法早已广为流传。

但是胆固醇不仅是构成我们身体各组织的细胞膜的重要组成成分，而且在合成激素、脂质代谢中起着重要的作用，是我们人体中不可缺少的重要成分。只是如果血液中胆固醇的含量过高，会使向心脏供应血液的动脉血管中沉积较多的胆固醇和其他脂肪物质，引起动脉硬化，导致血管收缩异常，对心脏产生不利影响。

　　现代人经常食用含有胆固醇较多的物质，体内容易沉积过多的胆固醇。但是适量生成的胆固醇在我们人体中起着重要的作用。胆固醇在皮肤中的重要作用是预防因紫外线照射而引起的皮肤老化现象，帮助皮肤维持正常功能。

　　通过对比老化皮肤和年轻皮肤，我们发现老化的皮肤中所含胆固醇的量比年轻的皮肤少。那么，照射紫外线的量的多少是不是影响皮肤中胆固醇的合成呢？

　　为此，我们做了这样的实验：向 20 岁的被实验者的臀部皮肤投射紫外线，投射的紫外线量相当于夏天在户外活动 1 小时 30 分钟时受紫外线照射的量；在投射紫外线的 1 天后、2 天后、3 天后，分别将投射紫外线的皮肤组织和其他正常皮肤组织进行比较，发现受紫外线照射的皮肤组织中的胆固醇含量在 2 天后减少了 50%、3 天后减少了 70%。

　　我们都知道皮肤老化的主要表现是皱纹。暴露于阳光中的皮肤会形成更多的皱纹，这是因为紫外线的照射使皮肤生成更多的分解胶原蛋白的 MMP。通过进一步实验，我们发现皮肤细胞中胆固醇的浓度对生成 MMP 起着非常重要的作用。胆固醇会抑制 MMP 的合成，胆固醇减少，MMP 的合成就会增加，就会导致更多的胶原蛋白被分解掉。

　　这种现象不仅出现在正常皮肤细胞中 MMP 合成时，在皮肤受到紫外线照射后 MMP 增加时也能观察到。即在胆固醇含量较高的状态下受紫外线照射，皮肤细胞中生成的 MMP 不会过多；在胆固醇含量较低的状态下受紫外线照射，皮肤细胞中生成的 MMP 会更多。

　　那么，为了补充受紫外线照射后减少的胆固醇的量，在皮肤表面直接涂抹胆固醇会有效果吗？先说结论——确实有效。已通过细胞试验和动物试验证明在皮肤上涂抹胆固醇可阻挡紫外线对皮肤的伤害。

　　动物试验对象是无毛鼠，给无毛鼠投射紫外线，1 周 3 次，共投射 8 周，结果皮肤形成皱纹。但是投射等量的紫外线后，在皮肤上涂抹胆固醇的无毛鼠形成的皱纹较少。

结论是胆固醇可预防皮肤老化，抑制由紫外线照射造成对皮肤的伤害。胆固醇是保证皮肤健康和预防皮肤老化的非常重要的成分。因此选购抗老化护肤化妆品时，有必要确认是否含有胆固醇成分。

第二，神经酰胺的双面性

特应性皮炎是困扰我们的现代疾病中的一种。特应性皮炎的发病率在全球范围内呈持续上升趋势，有统计数据显示患病率已高达 20%。特别是家里有小孩子的很多家庭为此非常苦恼，尝试着通过饮食疗法、药剂的使用、生活环境的改善等各种方法与疾病抗争着。但是特应性皮炎的发病原因至今尚未查明。有人提出进入 20 世纪以来，随着生活环境的严重污染，之前没有的污染物质引发了人体的过敏反应。也有人说是现代人在过于清洁的环境中养育孩子，导致孩子对各种细菌和公害物质的免疫能力低下造成的。

观察特应性皮炎患者的皮肤组织，会发现他们皮肤的屏障功能已经受损。由于保护皮肤的屏障受损，导致不能有效地防御有害菌的侵袭。说到角质层的屏障功能，不能不提神经酰胺。神经酰胺是在构成皮肤角质层的脂质中占40% 以上的成分，其功能是维持角质层结构井然有序，抑制水分的蒸发，使皮肤保持湿润。

神经酰胺在皮肤角质层中起着如此重要的作用，但是在角质层下面的有活性的皮肤细胞中却发挥着不同的作用。如果细胞内神经酰胺的量增多，不仅会影响细胞的正常生长，还会促使细胞老化，甚至会启动细胞自杀系统致细胞死亡。

那么，什么情况会导致细胞内神经酰胺的量增多呢？受紫外线照射、皮肤与高温接触使细胞受刺激、为细胞供给的营养不足时，细胞内的神经酰胺合成量会增多，增加的神经酰胺抑制细胞的成长，导致细胞老化甚至死亡。简单地说，神经酰胺是角质层发挥皮肤的屏障功能所必需的物质，但在细胞内的存量超过正常值则对皮肤有害。

我们实验室也证实了神经酰胺合成过量会导致皮肤老化的事实。培养皮肤细胞后用不同浓度的神经酰胺处理细胞，发现随着神经酰胺浓度的增加，分解胶原蛋白和弹力纤维的各种 MMP 酶的生成数量也会增多。胶原蛋白和神经纤维被分解，即会导致皮肤形成皱纹。

若想控制皮肤细胞中神经酰胺的过度生成，需尽可能地避免前面所说的刺激。受紫外线照射、接触高温、疏于营养摄取等，都会促进细胞内的神经酰胺生成过剩。

进行抗老化研究的人们正在寻找能够在皮肤细胞内抑制合成神经酰胺的物质。如果能够提取或合成这种物质生产加工化妆品，将会给希望保持肌肤年轻态的人们带来一缕曙光。

保湿剂中的神经酰胺

适用于干性皮肤的保湿剂中大多含有神经酰胺。那么这些神经酰胺对有活性的皮肤细胞是否有负面影响呢？

现在应用于保湿剂中的神经酰胺大部分是人工合成的，因为质量较大，无法通过皮肤屏障到达活性细胞层而被皮肤细胞吸收。所以，在使用过程中不必担心保湿剂会对活性皮肤细胞造成损伤。但是，如果在皮肤有炎症的部位或因抓挠而损伤了皮肤角质层的部位涂抹保湿剂，保湿剂中的神经酰胺有可能会通过皮肤被细胞吸收，而且，质量较小的神经酰胺透过皮肤进入皮肤细胞的可能性也是存在的。

所以，根据皮肤的状态不同，所使用的保湿剂的成分也应该有所不同。供角质层保持正常的皮肤使用的保湿剂与供角质层受损的皮肤使用的保湿剂应该不同。只是干燥的皮肤，可放心使用含有神经酰胺的保湿剂。如果是供因特应性皮炎造成皮肤的保护功能减弱的皮肤使用的保湿剂，应选用已对神经酰胺的种类和含量进行了适当调节的保湿剂。

***** 脂肪酸有益于皮肤

观察比较老年人和年轻人的皮肤，会发现皮肤中脂肪酸的含量是不一样的。老年人皮肤组织的表皮层和脂肪层中的脂肪酸含量均为年轻人的 80%。而且同一个老年人的臀部皮肤和经常裸露于紫外线照射中的臂部皮肤之间也有差异，臂部皮肤的脂肪酸含量比臀部皮肤的脂肪酸含量少了大约 40%。

随着年龄的增长，皮肤中脂肪酸的含量也随之减少的原因是什么呢？这是因为随着皮肤细胞的老化形成脂肪酸的各种酶的量也减少的缘故。皮肤中的脂肪酸减少，角质层的密度就会降低，水分流失量就会增加，皮肤会变得干燥、粗糙。干燥的皮肤对外部细菌的抵抗能力减弱，使皮肤患各种疾病的危险增加，从而加速皮肤老化。

所以，可以考虑将维护角质层健康所必需的脂肪酸制成保湿剂直接涂抹于皮肤的方法。这种方法会不会产生为皮肤补充随着年龄的增加而逐渐减少的脂肪酸的效果呢？

为此，我们的实验室做了如下实验——将脂肪酸中的不饱和脂肪酸直接涂抹于皮肤，观察其对皮肤的影响。

首先，将 ω-3 脂肪酸（omega-3）中的 EPA 涂抹于皮肤后投射紫外线。因 EPA 易溶于油脂且分子质量小的可以通过皮肤，所以容易被皮肤吸收。人的皮肤在受到紫外线照射后会变厚，这是为了应对紫外线诱发的皮肤炎症反应，也是为了补充受紫外线照射而死亡的细胞数量，表皮细胞暂时性急速生长的结果。

涂抹 EPA 后观察结果发现，受紫外线照射后皮肤变厚的现象几乎完全被抑制，也没有出现胶原蛋白减少、MMP 生成等诱发皮肤老化的现象。

为了了解 EPA 的这种功能对已经老化的皮肤是否有治疗效果，我们做了进一步研究，将 EPA 一周三次、持续四周涂抹在老人的皮肤上进行观察，结果有了惊人的发现——原本消失的胶原蛋白和弹力纤维如年轻皮肤般开始再生。

如果把功效如此出众的 EPA 应用于化妆品或药物中就好了。但令人遗憾的是 EPA 目前还未能应用于化妆品或药品的制作中，因为 EPA 的化学性质极其不稳定，在空气中容易氧化，而且它具有特殊的鱼腥味，无法作为化妆品原料使用。

但是我们生活在科学技术飞速发展的时代。如果将 EPA 的化学结构稍加改变，就会制成稳定性高、无特殊气味、功效更显著的合成物质。现在已不是靠一己之力生活的时代，科学研究也是一样的。若想成就一件事，不仅需要有同业人员的配合协助，有时还需要从事其他领域工作者的支持与帮助。皮肤科医生有自己的研究范围，而作为化学领域的研究者也有自己的研究领域。各领域的专家、学者把各自积累的知识、擅长的技术有机地结合在一起，齐心协力攻坚克难，必将取得巨大成就。

小贴士

什么是不饱和脂肪酸

构成脂肪的脂肪酸大致分为饱和脂肪酸和不饱和脂肪酸。脂肪酸是指在碳原子成链排列的一端含有一个叫羟基的分子，形状似火柴棍。

饱和脂肪酸是指脂肪族碳氢链上没有不饱和键，即已没有再与氢原子结合的可能性的状态。所以，饱和脂肪酸是稳定的分子，因而在室温下呈固态。

相反，不饱和脂肪酸含有双键，氢原子数量较少。双键结构的不饱和脂肪酸形状像中间被折弯的火柴棍。因为不饱和脂肪酸的分子排列不规则，在室温下呈液态。

　　碳氢链上只有一个不饱和键的脂肪酸叫单不饱和脂肪酸，碳氢链上有两个或两个以上不饱和键时叫多不饱和脂肪酸。在多不饱和脂肪酸分子中，从碳氢链末端开始数，双键在第三个碳原子上的叫 ω-3，在第六个碳原子上的叫 ω-6，在第九个碳原子上的叫 ω-9。

　　既然已研究证实 EPA 可以有效抗皮肤老化，那么，研究物质的化学家如果能够改变 EPA 的结构，研发出效果更稳定、副作用更少的物质继而化妆品及药物研制专家努力研发相关产品，相信全新的抑制皮肤老化的产品一定会在不久的将来出现在大家面前的。

天天护肤

实践维持皮肤健康、预防皮肤老化的方法，我们在日常生活中也能进行。我们每天所进行的洗澡、吃饭、睡觉等行为都影响着我们的皮肤状态。

身体在某些方面表现得非常脆弱，这与一个人的生活质量有着直接的关系。人体虽然有自愈能力，可一旦受到严重的刺激，身体很快就被击垮了，我们的皮肤也是如此。皮肤作为身体最外层的保护膜，会把生活给予它的各种刺激毫不隐瞒地呈现出来。

怎样度过每一天？怎么洗、怎么吃、怎么睡？这三个行为对皮肤影响很大。

***** ## 锁水保湿洗脸法

很多人每天洗两次脸。早晨洗脸是为了让自己以干净清爽的面容迎接新的一天，晚上洗脸是为了洗去在一天的工作生活中吸附于面部的灰尘等污染物质。洗脸可使皮肤的血液循环通畅，新陈代谢活跃，心情也会变得舒畅。

但是，人们的洗脸习惯各有不同。有些人在超市随便购买一块普通的香皂就能冲洗全身，而另一些人则会准备各种清洁用品，在清洗不同部位时又根据皮肤状况使用不同的清洁剂认真清洗。女性通常比男性更认真、更精心地清洗。

在每天触摸和清洗面部的过程中，我们的皮肤会发生怎样的变化呢？我们是为了保持皮肤的清洁和健康而洗脸的，但是在清洗皮肤的过程中，皮肤却会受到各种刺激。掌握对皮肤刺激最小的洗脸方法，是保持皮肤健康、美丽所必需的。

要想洗好脸，首先要选用适合的洁肤用品。超市或化妆品专柜有各种洗面用品，如香皂、卸妆膏、卸妆油、卸妆乳、卸妆凝胶、卸妆水等，不仅种类繁多，而且形态各异。只是香皂就有很多种，如酸性香皂、纯香皂、去角质香皂等。

下面，我主要介绍一下除香皂以外最常用的三种洁面产品。

洁面乳

洁面乳以矿物油为主要成分制作而成。先将适量的洁面乳均匀涂抹在脸上，洁面乳就会被体温溶化成油状，待面部皮质和油性化妆品等污染物质被洁面乳融化之后，用纱布或化妆棉擦掉。

洗面奶

洗面奶以矿质油脂为主要成分制作，与洁面乳相比质地比较稀薄，呈牛奶状。因为洗面奶质地稀而细腻柔软，涂抹后感觉比洁面乳更温和、清爽，且清洁时间较短一些。与洁面乳相比，洗面奶的清洁能力稍弱些，但因油脂含量少，所以对皮脂分泌多的皮肤、有面部痤疮的皮肤、敏感性皮肤等油性皮肤的刺激较小。

洁面油

主要用植物油制作。涂抹洁面油后无需用化妆棉擦掉，可以直接用水洗脸，所以它对皮肤的刺激较少，而且因清洁能力强，可以防止因彩妆残留面部而引起色素沉着。但是如果洁面油成分遗留在毛孔中，则会导致面部出现粉刺、脓包等，所以用洁面油时宜采用双重洗脸法，即先使用洁面油洁面后再使用香皂洗一次脸。

很多调查结果显示，很多女性在洗脸时更多使用的是专用洁面产品，而不是香皂。

2013 年度的一项硕士学位论文（《关于按皮肤类型洁面法、洁面产品的使用方法及副作用等问题的消费者认知度》）中提到选取 150 名在首尔、京畿道地区生活的 20 ~ 54 岁的女性进行问卷调查，询问他们使用什么样的洁面产品。问卷结果，使用洗面泡沫的人最多，占 26.4%；使用洁面油的占 19.9%、洁面乳 19.4%、洁面啫喱 11.9%、洗面奶 11.4%、洁面水 9.0%、洁面巾 2.0%。

受访者中超过半数的女性采用的是双重洗脸法。51% 的受访者先用卸妆膏或卸妆油卸妆后，再用洗面奶或香皂洗脸。14.3% 的受访者不仅采用双重洗脸法，而且使用深层卸妆液。单一使用洗面奶洁面的人仅占 32.7%。

从这个调查结果可以看出很多女性具有彻底清洗面部的意愿和习惯，可是，也有很多女性反映如此认真洁面后却出现了皮肤干燥等并不希望看到的结果。

在另一个以 100 名 20 ~ 30 岁女性为调查对象的问卷调查结果显示，有 61.3% 女性反映在使用洁面产品洗脸后感觉皮肤的油分和水分流失了。洗脸时要注意的就是这一点。很多女性为了面部的清洁在采用双重洗脸法的同时还使用深层卸妆液，但是通过这样的洁面过程把面部皮肤所必需的水分和油分都洗掉了，不仅会难以保持皮肤角质层的健康，还会加速皮肤老化。

感觉很多女性虽然意识到了洗脸的重要性，但并不懂得怎样洁面才是正确的。很多人认为采用双重洗脸法清洁面部是必需的。关于是否一定要采用双重洗脸法洗脸，现在有两种对立的意见。反对双重洗脸法的一方认为这种方法源于欧洲、适用于欧洲，我们没有必要。欧洲富含石灰岩的地质状况使得那里的水中含有较多的钙、镁等矿物质，造成香皂的清洁能力降低，所以形成了先用洁面乳等清洁面部再用香皂洁面的习惯。

近年来，业内专家在广泛进行着对使用单一的洁面剂清洁面部的洗脸法和使用洁面乳、洗面奶等两种洁面剂的双重洗脸法的比较研究工作。

将被测试者分为两组，一组只使用一种洁面产品洗脸，而另一组采用双重洗脸法，持续三周，分别采集测定洁面效果、水分、油分、弹性、酸碱度、黑色素、红斑等的变化。

通过调查研究发现，只使用一种洗剂的方法与双重洗脸法的清洁效果不存在什么差异，对洗脸前后的皮肤状态加以比较的结果也显示，只使用一种洁面产品洗脸后，皮肤水分、油分、弹性、酸碱度、黑色素、红斑等变化也比采用双重洗脸法的要少。

但是，只通过几项调查结果很难下定论说某一特殊类型的清洁产品对皮肤更安全。就算是同类产品，因细分产品种类繁多，所以每种产品定会存在差异，而且调查研究的方法也需要完善，不仅需要进行更长时间的严谨的调查，也需要采用更加科学的采集测定数据的设备。但目前可以肯定的是，女性长期以来放心采用的双重洗脸法不一定是最好的。与其固守所谓彻底清洗的双重洗脸法，不如选择适合自己肤质的洁面产品和方法。通过正确选择洁面产品和养成良好的洁面习惯来减少对皮肤的刺激和压力，这才是维护皮肤健康的明智之举。

***** ## 防止皮肤干燥的洗脸法

香皂洗脸法。首先要明确洗脸的目的是去除面部的污垢。洗脸时要想着用洁面乳简单清洗面部就可以了，所以不要严重刺激面部皮肤。

首先要洗手。人们往往会误认为，在洗脸的过程中，面部和手上的污垢自然都会洗干净，所以，洗脸之前没有必要先把手洗干净。可是，如果用不干净的手洗脸，手上的污垢、细菌等会污染面部。所以，在洗脸之前一定要将手洗干净。

手洗干净后，用温水把脸弄湿。在洗脸时，很多人习惯先用手掌擦洗脸颊部位。但是，因面颊部位的皮肤皮脂分泌较少，所以，可以将脸颊部位的清洗顺序调整至最后，缩短清洗时间为好。脸上皮脂分泌较多的部位是T区，即额头、鼻子等部位，所以洗脸时从 T 区开始清洗是有效清除皮脂的方法。

用清水简单清洗面部后，将适量洗面奶挤到掌心，揉搓出丰富的泡沫。丰富的泡沫可以缓冲手的压力及摩擦力对皮肤的刺激。

揉搓出丰富的泡沫后，从皮脂分泌多的额部、鼻部开始轻轻地按摩，这时，手不要过于用力，要想着是用泡沫洗脸，而不是用涂有洗面奶的手掌洗脸。

用泡沫完成按摩后就可以用温水冲洗了。用水冲洗时水温太高会导致皮肤热老化，因此注意水温不宜太高。另外，用水冲洗必须认真彻底，否则脸上会残留污垢。

洗完脸用毛巾擦脸的时候也有注意事项。使用时间较长的毛巾，表面纤维会很粗糙。如果用这样的毛巾擦脸，粗糙的纤维会对皮肤产生刺激。另外，用毛巾上下来回擦拭面部也会刺激皮肤，所以要避免。正确的擦脸方法是要用质地松软细腻的毛巾轻轻按压脸部吸走水分，然后涂抹保湿剂。

有人主张晚上用香皂洗脸后，第二天早晨只用温水洗脸就可以了，说这样能防止皮肤干燥。但是，在我们睡觉时，皮肤会分泌皮脂及其他代谢废物等，这些分泌物与保湿剂中的油脂结合附着在面部皮肤上。如果对睡眠时分泌的油脂放任不加以清除，会损伤皮肤。所以，早晨也用香皂简单清洗面部，是保持面部清洁的好方法。

挑选香皂时建议选择中性或弱酸性的，不要选择碱性的。因为皮肤表面呈弱酸性，pH 在 4.5 ~ 5，若长期使用碱性香皂，就会使皮肤表面的酸碱度呈中性或碱性，就会造成细菌入侵、繁殖，容易引起皮肤炎症。另外，皮脂膜受损会造成皮肤干燥、敏感，甚至会出现皲裂。所以使用香皂清洗后需尽快涂抹保湿剂，使皮肤的 pH 恢复正常。

***** **保持皮肤湿润柔软的洗澡法**

如今，很多城市人都生活在非常干燥的环境中。人们滞留时间最长的高层建筑及公寓不仅通风欠佳，还从墙壁纸、各种地面装饰材料、油漆等中排放出污染物质甲醛。室内的空调、暖器等设备的使用也会使人们的皮肤变得干燥。

现代人生活在如此干燥的环境中，却经常洗澡。很多人每天洗一次澡，也有一些人早晚各洗一次。可是，频繁洗澡、过度使用香皂或搓澡等习惯，是导致皮肤丢失水分的原因。

皮肤表面覆有一层薄薄的角质层，用来保护水分。经常洗澡并搓澡，会使皮肤角质层遭到破坏，使皮肤水分流失。要恢复被破坏的角质层，至少需要 1 ~ 2 周的时间。因此，如果搓澡比较用力的话，建议在之后的 1 ~ 2 周内避免过度冲澡。相比长时间泡澡，少于 5 分钟的简单冲澡会减轻对皮肤的负担，所以建议大家像洗脸一样冲澡也简单化，特别是在气候干燥的冬季，洗澡次数应减少到每周 2 ~ 3 次，以避免皮肤水分流失。

洗完澡，不要用毛巾用力擦拭身体，而应像洗脸后擦脸一样，用松软的毛巾轻轻地、柔和地按压皮肤。而且要在皮肤上的水气完全干之前的 3 分钟之内用保湿剂涂抹全身。由于胳膊、腿外侧的皮肤较内侧更容易干燥，因此需要仔细涂抹。

涂抹保湿剂是为了填平角质层的细微裂缝，起到保护膜的作用。这样既可以增加表皮水分含量，使皮肤的屏障功能得到恢复，又能锁住从角质层的最下层向外蒸发的水分，使皮肤保持适宜的湿度，维持皮肤表面滋润柔软。但是，因为每个人的体质不同，有些人会对保湿剂中的特定成分产生刺激或过敏反应，因此需注意选择适合自己皮肤的产品。

健康的清洗方法包括了解洗脸、洗澡对皮肤产生怎样的影响，了解自身的皮肤状态，正确使用适合自己的洁面及保湿产品。只有正确调整每天的日常生活习惯，身体才会变得更加健康、更加充满活力，皮肤健康也才有保障。

皮肤另有
喜欢的食物

想拥有健康美丽的肌肤，适当摄入身体必需的营养素也很重要。皮肤作为一生中快速进行细胞交换的组织，需持续供应均衡的营养素才能保持健康。有了良好的营养供给，皮肤功能就会得到正常发挥，可以长期维持年轻美丽的状态；而不规律且不良的饮食习惯会造成皮肤必需的营养素缺乏，会导致皮肤丧失正常功能，出现老化现象。

置身于现代都市中，街道两侧到处可见深夜还灯火通明的超市、便利店，各种餐饮店鳞次栉比，获取食物变得如此容易，感觉营养缺乏的年代变得那样的遥远。但具有讽刺意味的是，因为过量摄入不健康的、缺乏营养素的快餐食品及零食，人们在食物过剩的现代社会里却遭受着营养缺乏带来的各种痛苦。

因为忙碌不吃早餐，经常外出就餐，深夜享用夜宵，这样的生活使我们摄入的食物在体内分解后供给生命活动的循环作用遭到破坏。身体循环不好会影响到体表，皮肤也会发生变化。

为了保持健康美丽的肌肤，首先要均匀摄取身体必需的营养成分。适量摄取蛋白质、碳水化合物、脂肪、钙、维生素等营养素很重要，但需特别注意的是，人体必需的脂肪酸、维生素、无机物缺乏，会影响皮肤健康。

*****　让皮肤健康的抗氧化食品

在前面已经介绍过活性氧具有破坏皮肤细胞的作用。

那么，改进一下我们的餐桌文化，让我们每天都能吃到含有丰富的抗氧化物质的食物是不是也会有抗老化效果呢？虽然直接涂抹抗氧化产品和通过饮食摄入抗氧化物质，在吸收及效果方面会有差异，但是通过饮食摄入的营养成分会被输送到身体所有的细胞中，所以对皮肤也会奏效的。

很多研究已证实食物中的植物化学物质可以消除活性氧，促进皮肤细胞生成，防止老化。

植物化学物质是希腊语中植物 phyto 与化学 chemical 的合成词，是指植物中含有的化学物质。这些物质在植物体内发挥着保护自身不受各种微生物和昆虫侵害的功能。植物化学物质进入人体后，会通过抗氧化作用抑制细胞受损。

植物化学物质也会通过植物独特的口感、香味、颜色等呈现出来。如呈现红色、橙色、黄色、紫色、绿色等浓郁而绚丽的色彩的水果或蔬菜是其所含植物化学物质的体现。蒜、蘑菇、黄豆、谷物等也富含植物化学物质。下面，让我们了解一下植物化学物质有哪些种类。

类黄酮

报告显示类黄酮具有抗菌、抗癌、抗病毒、抗过敏及抗炎作用，几乎无毒性。类黄酮在人体内具有抗氧化作用的事实被证实后，在营养学研究领域备受关注。富含类黄酮的食物有草莓、李子、蓝莓、覆盆子、葡萄、樱桃、红葡萄酒、绿茶等。

类胡萝卜素

红色、黄色、橙色的水果和蔬菜富含类胡萝卜素。这些类胡萝卜素被肠壁吸收后转变为维生素 A，输送至肝。报告显示类胡萝卜素具有保护视力、抗氧化、抗老化及抗癌等作用。富含类胡萝卜素的食物有胡萝卜、黄色地瓜、绿色叶片等。

蒜素具有很强的杀菌、抗菌作用，可通过与碳水化合物、蛋白质等结合，进一步提升其药效。此外，蒜素不仅能扩张血管，促进血液循环，还能促进胰岛素分泌，利于糖尿病的治疗。最近，科学证实蒜素还具有预防癌症的作用。富含蒜素的食物包括大蒜、洋葱、白菜、萝卜、蘑菇等。

异黄酮具有植物性雌激素的效果。雌激素代表女性二次性征，参与肌肉形成、脂肪代谢、子宫发育等许多细胞反应。女性绝经时体内雌激素的分泌量会急速减少，导致出现老化现象。因研究发现异黄酮在体内起着雌激素的作用，所以，也被称作植物雌激素。处于更年期的女性补充富含异黄酮的食物是预防老化的方法之一。黄豆以及其他豆制品如豆腐、豆瓣酱等，都富含异黄酮。

白藜芦醇

白藜芦醇广泛存在于桑葚、花生、葡萄、覆盆子、蔓越莓等食物中。研究发现，许多植物处于疲劳紧张状态时，会分泌一种叫作白藜芦醇的物质。白藜芦醇具有抗癌及强大的抗氧化作用，并因能够降低血清胆固醇而被人们熟知。此外它还具有抗病毒、抗炎、抗老化的效果，可以延长寿命。当葡萄受到霉菌攻击时，为了保护自己，会分泌强大的抗菌物质白藜芦醇，所以葡萄含有比其他植物更多的白藜芦醇。法国人虽进食大量的高脂肪食品，但心脏疾病发病率却很低，世人把这种现象称为法国悖论（French

Paradox）。我认为这是由于法国人经常喝葡萄酒，充分摄取了葡萄中所含的白藜芦醇的缘故。

多酚

绿茶中所含的儿茶素、咖啡中含有的绿原酸，草莓、茄子、葡萄、黑豆、红豆等一些呈现红色或紫色的食物中所含的花青素色素，都是多酚类化合物。此外，还有许多食物如蔬菜、水果、可可豆、红葡萄酒等中都含有多酚化合物。具有抗氧化功能的多酚在生物体内承担起抗氧化剂作用，在维持生物体健康、预防疾病等方面发挥着重要作用。同时，多酚也通过阻止消化道吸收胆固醇，促使血液中胆固醇的水平降低。

*****　　　　　　　　　　　　　　　促进胶原蛋白合成的食品

胶原蛋白因与皮肤美容相关被广为认知。很多人认为产生皱纹是因为缺乏胶原蛋白。坊间流传着多吃富含胶原蛋白的猪皮、鸡爪及牛筋骨汤之类的食物，皮肤就会变好。也许是这样的话听得多了，以前不肯吃猪蹄或鸡爪的女性，现在大多都喜欢上了这些食物。

胶原蛋白是构成皮肤、血管、骨、牙齿、肌肉等结缔组织的主要蛋白质，特别是构成哺乳动物结缔组织的主要物质。

构成表皮下的真皮的蛋白质成分中，最主要的成分是胶原蛋白。胶原蛋白形成胶原蛋白纤维，而胶原蛋白纤维则起着维持皮肤形状和弹性，保护皮肤组织的作用。存在于皮肤中的胶原蛋白中有 85％ 是 I 型胶原蛋白，其余 15％ 为 III 型胶原蛋白。如果胶原蛋白缺乏或胶原蛋白纤维受损，皮肤就会出现产生皱纹、弹性减弱等老化现象，而且皮肤看起来也会明显下垂。

想让皮肤显得年轻漂亮，就要有良好的合成胶原蛋白的能力。成纤维细胞可合成胶原蛋白。在生活中，很多情况需要成纤维细胞合成胶原蛋白。例如，皮肤出现伤口时，成纤维细胞会合成大量的胶原蛋白来填充伤口部位。此时，伤口部位的细胞通过分泌物质，把合成胶原蛋白的信号传递至成纤维细胞，成纤维细胞接收信号后通过增加 TGF-β 蛋白合成，增加胶原蛋白的合成。

最新的科学研究报告显示，绿茶提取物、植物雌激素、ω-3 脂肪酸等可通过增加 TGF-β 的合成增加胶原蛋白的合成。含有雌激素的外用药也是通过促进 TGF-β 的作用增加胶原蛋白的合成，来达到减少皱纹的目的。

想预防和治疗皱纹，经常喝绿茶、吃各种水果和蔬菜是有帮助的。食入后在体内产生具有植物雌激素作用的食物是黄豆，每天食用一两次由黄豆制成的大酱、豆瓣酱、豆腐等食品，体内合成胶原蛋白的量要比吃鸡爪或猪皮多得多。

***** ## 其他有利于皮肤的食物及应避开的食物

ω-3 脂肪酸

属于 ω-3 脂肪酸的 EPA 和 DHA，对在皮肤内降解胶原蛋白纤维和弹性纤维的 MMP 具有抑制生成的作用。所以，只要有充分的 ω-3 脂肪酸，即使受到紫外线照射，皮肤也不会受到损伤。亚麻籽、葵花籽、背部呈青色的鱼类、干果类等含有丰富的 ω-3 脂肪酸。

谷胱甘肽

谷胱甘肽具有帮助药物和污染物解毒、恢复肝功能以及强化免疫系统的作用。对皮肤而言，谷胱甘肽具有美白功能。西红柿、老南瓜、芦笋、大蒜、洋葱等富含谷胱甘肽。

阿魏酸

阿魏酸对抑制细胞内脂质的氧化具有很好的效果。它还能够消除黑色素，抑制形成黄褐斑、雀斑等，从而达到令人满意的美容效果。小麦、燕麦、咖啡、苹果、橙子、花生、菠萝、洋蓟等植物的种子中富含阿魏酸。

上面介绍的是对皮肤有利的食品，下面，让我们简单了解一下应避开的损害皮肤健康的食物有哪些。

我们应避开的食物包括含有劣质油的食物、钠和糖分过多的食物、用精制谷物制成的食物。在制作过程中，上述这些食物中有益的营养素遭到破坏，而有害物质却得到了增加，致使在代谢过程中活性氧增加，细胞遭到破坏。

例如，钠会吸收维持皮肤弹性的胶原蛋白中的水分，使皮肤弹性降低，产生皱纹。过多的糖分会使体内的血糖升高，活性氧积聚，最终产生糖化产物，损害皮肤中的胶原蛋白，促进皮肤老化。

在此想要补充说明的一点是要少食。减少食物的摄取量，就可以减少代谢过程中产生的活性氧的量，进而更长久地保持年轻的生理状态，使皮肤更加充满生机与活力。

*****对皮肤美容有益的保健食品

2004 年 1 月，韩国首次实行了有关保健食品的法律。保健食品是指政府认可的以饮食的方式摄取食品的有效成分，并有利于身体健康的食品。因此，保健食品法是以确保产品的安全性，促进产品质量提高，健全产品的流通和销售，增进国民身体健康和保护消费者利益为目的的法律。当时，韩国食品药品安全处已公示了允许使用的与皮肤美容有关的健康功能食品原料为以下五种成分，即角鲨烯、叶绿素、芦荟、β-胡萝卜素和花粉。也就是说，韩国食品药品安全处已承认人们长期服用以上成分对皮肤健康与美容有益。

但是，因为当时并没有充分的科学依据证明上述五种物质对皮肤健康和美容有利，因此在实行新法律之前，决定对上述五种原料的美容功效重新进行评估。上述物质想成为公认的保健产品，需要通过长期摄入这些物质后证明的确具有维持皮肤健康、抗皱、美白等功效。当时首尔大学医科大学皮肤科研究所被选为对皮肤美容保健食品重新进行评估的机关，开始了这些成分的临床研究。

通过饮食摄入的食品原料，能够在胃肠消化后通过胃肠壁吸收进入血液中，然后随血液以皮肤所需的浓度到达皮肤，发挥抗皱、美白等效果吗？通过食道的保健品在消化酶的作用下在肠内分解。因此，在消化过程中，物质有失去功效的可能性。肠内吸收的物质必须通过血管输送到皮肤组织，并且要保证到达皮肤的量要充足，要足以对皮肤细胞发挥作用。这些物质真的可以克服诸多困难，保证以充足的浓度与数量到达皮肤，发挥保护皮肤、美化皮肤的功效吗？临床试验的结果显示皮肤美容保健食品确实有效。只是还有问题需要进一步研究，就是要弄清哪些成分需要摄取多少才能真正获得美容功效。

角鲨烯

角鲨烯是一种脂质成分，大量存在于动物的软骨中。角鲨烯通过肠道吸收后容易转移至皮肤，所以能明显发现它在皮肤中的浓度增加。因此，服用角鲨烯后，随着它在皮肤中的浓度增加，发挥功效的可能性也增加。我们进行了一项临床研究，观察角鲨烯对皮肤的美容及健康是否具有很好的效果。我们召集了 40 名 50 岁以上的健康志愿者，将他们分为两组，每组 20 人；要求其中一组每天口服角鲨烯 13.5 克，另一组每天口服角鲨烯 27 克，分别服用 3 个月。试验结果显示：每天口服 27 克高剂量的一组，志愿者面部皱纹明显减少；而每天服用 13.5 克的一组，志愿者面部皱纹没发生什么变化。

从只在高剂量服用角鲨烯这一组有抗皱效果这一现象看，可以推测出以下几种可能性。首先，服用高剂量的角鲨烯，才有可能使流入皮肤组织的浓度达到改善皱纹的程度。其次，服用低剂量的一组，3 个月的试验观察时间可能是太短了。因为在这次试验中发现，服用角鲨烯三个月后，两组志愿者皮肤组织中胶原蛋白的量都有显著增加。也就是说，口服的角鲨烯通过肠道吸收后到达皮肤，增加了胶原蛋白的合成。所以，低剂量服用角鲨烯超过三个月以后，也许会出现抗皱功效。

服用角鲨烯后紫外线对 DNA 引起的损伤情况，我们也进行了调查研究。事实证明两组剂量的角鲨烯均能有效防止紫外线引起的 DNA 损伤。总之，角鲨烯不仅具有通过增加胶原蛋白的合成减少皮肤皱纹的效果，还有防止由紫外线引起的 DNA 损伤的效果。因此，角鲨烯作为对光老化现象具有预防和治疗效果的物质，具有较高的利用价值。

然而，也应该注意观察其副作用。两组均出现过血液中胆固醇水平暂时上升的现象，但三个月后都恢复至正常水平。角鲨烯是胆固醇合成过程中的产物，所以角鲨烯增加了，细胞就不再合成胆固醇，就会出现胆固醇降低的效果。因此认为胆固醇含量的暂时性上升不是大问题。另外，许多志愿者出现了大便稀溏或排脂肪便的现象，这与没有被吸收的角鲨烯直接排出有关，主要是在服用高剂量的角鲨烯时出现。考虑到这种现象与服用角鲨烯的剂量相关，认为长期低剂量服用角鲨烯更可取。

叶绿素

叶绿素是存在于植物细胞的叶绿体的成分。对于叶绿素具有消炎、抗癌作用的研究结果人们早已熟知，但叶绿素对皮肤的影响这一课题的研究几乎是空白。

我们采用与角鲨烯的研究类似的方式，对叶绿素进行了临床研究。召集45 岁以上的健康志愿者 30 名分为两组，即高剂量组 15 名、低剂量组 15 名分别口服叶绿素 3 个月，观察比较服用前和服用后的皮肤状态。研究结果显示叶绿素可以增加胶原蛋白的合成，降低紫外线引起的 DNA 损伤。已经证实叶绿素是可以减少皮肤皱纹、增强皮肤弹性、防止皮肤损伤的物质。

芦荟提取物

芦荟也是经韩国食品药品安全处公示的可作为皮肤美容保健品原料的成分。为了确认长期服用芦荟提取物是否真的能够增进皮肤健康、改善皮肤皱纹，我们进行了临床试验研究。将 45 岁以上的志愿者 30 人分成两组，一组每天服用芦荟提取物 1.2 克，另一组每天服用芦荟提取物 3.6 克，两组分别连续服用三个月。结果显示两组均有减皱效果。具体是芦荟提取物中的哪种成分具有消除皮肤皱纹的作用，需要在今后进行更多的研究寻找。由于服用芦荟提取物 1.2 克和 3.6 克的两组抗皱效果无太大的区别，所以口服低剂量就可以了。

β - 胡萝卜素

因 β - 胡萝卜素具有有效阻挡可视光线及抗氧化的功效，所以早已成为供光线过敏皮肤病患者使用的药物中的主要成分。像胡萝卜、橘子等蔬菜或水果中富含 β - 胡萝卜素。大量吃这种蔬菜或水果导致皮肤发黄,这是因为 β - 胡萝卜素沉积在皮肤中的缘故。我们从这些现象可以了解到通过饮食吸收的 β - 胡萝卜素被肠道吸收后可到达皮肤并能够维持一定的浓度。

关于 β - 胡萝卜素对皮肤的影响，我们通过临床研究进行了重新评估。将 50 岁以上的志愿者 30 名分为两组，一组服用 β - 胡萝卜素 30 毫克，另一组服用 β - 胡萝卜素 90 毫克。其结果显示，服用 30 毫克的组皱纹减少，而服用 90 毫克的组没有出现皱纹改善现象。这说明对 β - 胡萝卜素的摄入超过一定量，抗皱效果反而会降低。另外，服用 90 毫克的组受紫外线照射引起的皮肤灼伤反应也更加明显。这说明服用大量的 β - 胡萝卜素时，皮肤对紫外线更加敏感。因此，β - 胡萝卜素以每天服用量不超过 30 毫克为安全剂量。

红参提取物

红参是最近经韩国食品药品安全处认可的可作为皮肤保健食品原料的成分。我们实验室曾受国内某大集团企业的委托，研究了红参提取物对皮肤美容的疗效。

首先，给小鼠服用红参提取物，观察红参提取物对小鼠的作用。给小鼠服用红参提取物后往皮肤投射紫外线，发现因紫外线照射形成皱纹的现象得到有效抑制。

那么在人体皮肤中也会出现同样的效果吗？为了搞清这个疑问，我们召集 40 岁以上的健康志愿者 70 名分为两组，一组服用红参提取物，另一组服用不含红参提取物的水（做这个实验时会告知志愿者有可能会服用不含有红参提取物的水，但研究者是不会知道哪个是含有红参提取物的水，哪个是不含有红参提取物的水），然后观察 3 个月、6 个月后皮肤的变化。3 个月后，服用红参提取物的组出现了皱纹改善的现象。为了弄清皱纹减少的原因，我们提取志愿者服用红参提取物前和服用一定剂量后的皮肤组织进行了对比观察，发现服用红参提取物的志愿者的皮肤与服用前相比，不仅胶原蛋白的合成增加了，组成弹性纤维的主要成分弹性蛋白的生成也增加了。

像这样通过服用摄取的红参提取物增加皮肤中胶原蛋白及弹性蛋白的合成，从而改善面部皱纹的事实给我们提出了这样的问题：到底是红参提取物中的哪些成分发挥了改善皮肤皱纹的功效？红参提取物中含有多种成分，因此，有必要用科学的方法揭示出其中具有皮肤美容效果的有效成分。

学习现代医学的医生们具有对传统中药的疗效置疑的倾向。中药不是单一成分，而是数百种物质混合而成。其中的一些物质可以有效治疗疾病，但有些未知的成分也许会导致肝损伤或其他疾病的恶化，产生我们不确定的副作用。草药的使用已有数百年的历史，我们虽然不应完全忽略草药的功效，但想让中药被广泛认同，必须——了解区分各种药材成分的功效和毒性。如果将红参提取物作为一种药物使用，就应该将其中的有效成分进行分离净化后加以使用。但是如果把红参提取物作为保健品摄取，就没有必要这样做。

通过服用皮肤美容补品摄入的成分应该被输送到皮肤，起到好的作用。食品中的有效成分应该可以改善皮肤皱纹、防止紫外线引起的 DNA 损伤、减少皮肤炎症。即使食品中富含这种有效成分，但是在消化、分解的过程失去效能，也是无用的。此外，补品中所含的有效成分应该是易被肠道吸收、能在血液中溶解并保证能有足够量的成分被输送到细胞中。最后，为了起到良好的皮肤改善效果，还需保证有效成分在皮肤中的浓度足以使其发挥作用。

大部分保健食品是将提取的有效成分加以浓缩后制作成食品的，所以保健食品中所含的有效成分的量比最初食品中的含量多。因此，必须要考虑摄入后可能出现的副作用来制作保健食品。摄入皮肤美容保健食品后，若出现了皮肤皱纹改善、皮肤弹性增强、抑制了紫外线对皮肤的损伤等现象，那么长期食用这种保健食品也是维持皮肤健康的好方法。

不花钱的护肤方法——睡眠

我们通过睡眠解除疲劳、恢复元气。一次好的睡眠,让人感觉身轻如燕、神清气爽,充满自信。

这是因为在我们处于睡眠状态时,我们身体的每一个器官也都在休息。充分的休息,会让我们肌体的新陈代谢更加通畅,免疫系统恢复正常。很多人应该有过这样的体会,充分睡眠后,感觉皮肤变得光滑湿润,人也显得年轻了。良好的睡眠质量,不仅会改善身体状况,还能够滋养面部皮肤。

许多研究结果表明,睡眠质量影响皮肤功能及老化。2013 年,大学医院病例医疗中心的皮肤科学家为了揭开睡眠不足与皮肤老化的关系而进行了临床试验。

试验以 60 位 30 ~ 49 岁的女性为对象,调查研究了皮肤功能及心理状态与睡眠质量的关系。皮肤老化测试系统显示:没有得到充足睡眠的人,细纹增加,出现不规则的色素沉着斑,而且皮肤弹性减弱,皮肤下垂等皮肤老化迹象尤为明显。

除此以外,当睡眠质量不好时,因紫外线照射受损的角质层恢复的速度也会放缓。不仅如此,睡眠不足的人,对自己的皮肤及面部状态的评估结果也会更低。

睡眠不足导致皮肤健康下降，加速衰老。那么，是不是只要保证足够的睡眠，皮肤就会变好呢？各种研究结果告诉我们在什么时间睡眠也是非常重要的。也就是说睡眠质量的好坏取决于在一天中的哪个时间入睡。

身体的生物钟随白天、黑夜的转换而变化。当太阳升起的时候，我们的身体也从睡梦中渐渐苏醒，直至达到很好的活动状态；当太阳落山的时候，我们的身体也逐渐放松准备进入休息状态。随自然现象变换着的身体状况，着实让我们感到惊讶。夜幕降临，我们大脑中的松果体已意识到黑夜的到来，会分泌褪黑素（化学名称为 N- 乙酰基 -5- 甲氧基色胺）。一段时间过后，大脑下方的垂体前叶开始分泌大量生长激素。生长激素不仅有助于儿童骨骼和软骨生长，对成人也有作用。但令人遗憾的是随着年龄的增长，生长激素的分泌量会减少。对成人来说，生长激素起着分解脂肪、增加骨骼密度、防止衰老的作用。这种既有助于皮肤健康又能提高皮肤弹性的激素在什么时间分泌得最多呢？答案是从晚上 10 点到凌晨 2 点。所以，在这个时间段进入深度睡眠是通过提高睡眠质量有效抑制衰老、恢复健康和美丽的好方法。

然而，现代生活却有着太多太多让我们无法早睡的因素。生活在竞争激烈的时代，我们不得不常常工作到深夜；生活在人脉就是命脉的时代，我们不得不常常参与到与工作没有什么区别的社交活动到很晚。

根据 2009 年的调查，韩国人每天的睡眠时间为平均 7 小时 49 分，看起来这个睡眠时间并不算少，但这是平均值，很多上班族的睡眠时间都在 7 小时以下。现提供一下参考数据，大家进行比较就知道了：法国 8 小时 50 分钟、美国 8 小时 38 分钟、西班牙 8 小时 34 分钟。韩国人的平均睡眠时间短，最大的原因应该是劳动时间长，而劳动时间长就会给人造成压力，精神负担加重。

压力的危险众所周知。一个人如果长期承受着过重的精神压力，就会变得抑郁，并且随着身体功能的下降，睡眠质量也会下降。良好的睡眠质量才有利于恢复体能、改善精神状态，可睡眠不好，又会产生新的压力，诱发恶性循环。

　　若想缓解压力，改变一些个人的生活习惯也是很有必要的，包括为了保障日常良好的睡眠，努力营造符合自己的睡眠环境和养成适合自己的睡眠习惯。这里最重要的是要养成在固定的时间躺下来准备入睡的习惯。在前面已介绍过防止老化的生长激素分泌的时间是晚上10点至凌晨2点之间，所以最好是10点躺下入睡。如果这个时间很难保证，那么最晚也要11点躺下睡觉。因为睡得太晚，睡眠时间太少，肌体就无法得到生长激素的帮助，也就无法得到恢复肌肤健康的机会了。

　　如果卧室的温度和湿度适当的话，身体会感觉更舒适些。让人体感觉舒适的室内温度为22℃左右，湿度为50％。不过，最合适的室温是自己的身体感觉不冷也不热。冬天空气比较干燥，所以，需要打开加湿器或挂湿毛巾来调节室内湿度。

　　现代人无论是工作还是生活，都离不开电脑，很多人直到入睡前还在使用电脑。近几年，随着智能手机的普及，很多人在刚刚离开电脑桌不久，又开始把玩手机，甚至在临睡前还把手机带上床。然而，电子产品的电磁波辐射会引发头痛、视力低下、慢性疲劳、消化不良等全身性障碍。有些报道还说电磁波会导致皮肤起疹，引发皮肤瘙痒症等皮肤疾病。因此，为了能有一个良好的睡眠，建议只在必要时使用电子产品，临睡前一小时最好停止使用电子产品。

后记

　　随着时间的流逝，不断增长的年龄对于很多女性来说已是很伤心的事了，可是，让很多女性更不能忍受的是脸上出现了皱纹、老年斑。可在我看来，伴着厚重而从容的笑容出现的给人以慈祥的感觉的皱纹并不像他们想象的那样糟糕。接受并享受自然老化的过程也是人生所必要的经历。

　　如今，花费几十万甚至几百万韩元进行护肤管理或微整形手术的现象比比皆是。这表明人们想阻止或延缓皮肤老化的欲望也是非常强烈的。但是，这样的努力从长远来讲对皮肤美容及健康会有多大的帮助呢？要想回答这个问题，我们需要在这方面投入更多的研究。

　　综上所述，结论就是：通过调整日常生活习惯，有效延缓皮肤衰老。在此，我想把结论整理为八个建议，献给那些为永葆皮肤年轻、美丽而不懈努力的人们。

　　第一，避免阳光暴晒。要做到这一点，当你外出时即使在炎热的夏天，也要穿长袖衣服、戴宽檐帽、撑太阳伞。

　　第二，暴露在外的皮肤应该每天习惯性地涂抹防晒剂。

　　第三，洗澡时搓澡或定期去美容院去除角质层的行为会使皮肤干燥、引发湿疹、导致皮肤衰老，不可过度清洁皮肤。

　　第四，每日简单淋浴一次，淋浴后全身涂抹保湿剂，最好养成每天全身涂抹两次保湿剂的习惯。

　　第五，如果有吸烟的习惯就应该戒烟。吸烟使皮肤迅速老化。

　　第六，每天至少吃5种新鲜水果和蔬菜。这里重要的是新鲜水果或蔬菜的种类数而不是数量，也就是说不需要吃的量多，而是要求吃的种类要多。

水果和蔬菜富含抗氧化成分，可有效预防衰老。

第七，使用科学认证的、有效的功能性化妆品，可以预防及治疗老化。

第八，尽量避免精神紧张，享受适度的运动，不要暴饮暴食。

希望大家能把这些做法生活化、习惯化，并通过遵守以上建议，长久保持年轻、漂亮的皮肤。

编者

2015 年 11 月

感谢语

读完这本书的人能获得一种新的能力，估计会有很多人质疑："保持皮肤年轻是能力吗？"不久前，在陪同我尊敬的80多岁的父、母亲吃饭时，因为两位老人食量远远超出我的想象，吃得很多且吃得很香，我就忍不住对母亲说："母亲，看到您吃饭这么香，真好！"母亲说："振镐啊，到了我这个年龄，能吃也是一种能力。"母亲的话让我想到上了岁数的人，是需要有各种能力的，而且需要不断学习新的能力。本书所讨论的"能力"含义如下。

首先，一个人能够让自己的皮肤保持着比实际年龄年轻、美丽、健康的状态，是这个人的一种能力。其次，如果一个人的皮肤看起来比实际年龄年轻5岁甚至10岁，那么这个人在社会生活中能够发挥更大的能力，因此，拥有好的皮肤的人应该也是有能力的人。我认为好的皮肤会提升一个人的社会能力和经济能力。

7年前，我出版了一本书，书名为《不衰老的肌肤，青春的肌肤》。很多读者在看后给我提出了一些建议，还有很多疑惑。这次出版的《健康皮肤的秘密》，在介绍皮肤老化的原因和解决方法时力求做到比上一本书语言朴实、简单、易懂。此外，关于皮肤美容方面流传着很多错误的说法，为了不让人们盲目效仿，我努力通过实验数据帮助读者科学分析、借鉴。

我作为首尔大学医科大学教授，一直与其他研究者及学生一起从事着皮肤老化问题的研究工作。作为医生及科学家，我有一个习惯，就是不相信没有根据的说法。我在这本书中所讲的一切，都是以客观事实及理论依据为立足点，介绍了我认为没有错误的内容。当然，也会有一些不同意我观点的人。但是，凡是得到业界广泛认可的科学理论，都是经过持有不同意见的双方讨论甚至争辩，再通过严谨的科学研究、实验、分析得出结论的，是经过"阵痛"

的产物，是经得起检验的结果。所以，如果有与我的意见相左的同行或读者，希望你们能用宽广的胸怀包容我，接纳我的意见。

最后，我想对在这本书的出版过程中给予帮助的人们表示感谢！感谢由我设立的投资公司的金龙顺副总经理、朴智贤副总经理、李美福理事、吴仁婧部长、李志淑部长！同时，我也感谢在首尔大学医大实验室里，不分昼夜与我一起投身于科学研究工作的各位学生、研究人员和博士们！最后，我也想对我的家人说——我爱你们！

2015 年 11 月 22 日 星期日
于首尔大学医大实验室